やさしい化学物理

化学と物理の境界をめぐる

夏目雄平 著

朝倉書店

まえがき

　学生時代，とある熱力学の本を読んでいた．モル当量についての説明が「1成分系において」詳しくなされていた．私は，モルあたりという単なる基本単位の読みかえに対して，ずいぶん丁寧な記述だなあ，と思った．ところが章が進んで，それを多成分系への拡張するに際しては，「単なる拡張として」としか説明がなかった．多成分系でのモル当量というものが，成分と成分の間の相互作用に起因する，複雑な情報を含んでいるということが，理解しにくかった．結果的に間違ったことは書かれていないが，ずいぶん考えこんでしまった．1成分系での説明の部分を短くしても，多成分での本質を述べるとわかりやすかったのに，と後になって感じた．

　その後，いろいろなところで気がついた．物理学系では1成分系が主で，多成分はその発展例として扱われやすい．他方，化学系では，多成分が主なので，成分間相互作用が本質的な寄与をするというのは，当たり前のことになっているのだ．つまり，科目分野によって，理解すべき重心が異なるために，結果として重要な概念の説明が抜け落ちやすいのである．また，ある項目に特化した本と，物質科学全体を見据えた一般的表現を目指すテキスト，という立場による違いも目立つ．前者では「解釈は一通りではない」ということを認めない記述もあって戸惑う．例えば，「表面張力」という「力」の表記は間違いであって，「表面エネルギー密度」と言うべき，という言い方の本もある．そうかと思うと，化学反応論では，反応進行度が，動機とか意義抜きでいきなり定義してある場合がある．この差異を，分子集団に対する水の役割という観点に広げてみると，分野による習慣の違いは，ますます著しい．代表的なテキストを比較してみても，例えば，疎水性相互作用の位置づけについて，主役扱いと脇役扱いほどの大きな落差がある．

　こういう状況は，各分野の伝統に基づく根強いものであるが，現在，このような化学と物理学の境界領域は，大変な発展をしていて多くの関心を集めている．そこで，この境をスムーズに橋渡しする「化学物性物理学」と呼ぶべきテキストが強く求められていると思われる．しかしながら，現在，そのような著作は「量子化学」と呼ばれ，量子力学で説明されるモデルに限定される傾向があり，疎水性相互作用，電極反応の本質といった「難問」には触れていない本が大多数であ

る．もっと境界領域の橋渡しを意識し，わかっていないところも紹介したものが必要になっていると思う．また，実験研究者の本と理論研究者のテキストの間でも，どこか表現スタイルが違っていて，そこにも，谷間があるように感じてしまう場合が多い．

ともあれ，発展を続ける，この素晴らしい境界領域の豊かさが，化学と物理学，基礎科学と応用科学，実験家と理論家などの人為的分け目のために，一般に広まりにくいとしたら，たいへん残念である．そこで，それを克服する，化学と物理学の境界域のガイド，実験面と理論面をつなぐ足がかりを作ろうというのが本書である．

本書の構成は，半期の15回程度の講義テキストおよびその自習書として作られている[1]．そのため，熱学および統計力学の基礎では標準的な記述からはじめている．しかし，上記の動機に基づいた特徴を持たせたいと考え，現実の教育研究経験を踏まえ，さらに最新の研究成果も含ませて，基礎的でありながらも，現代的な見地も感じられるように努めた[2]．実際，上記の例のほか，例えば電極の問題など，「難問」であればあるほど，基本問題と先端の研究課題はつながっている．そのことを実感することによって，この境界域の芳醇さを知っていただくことも，本書の目的である．

読者の便宜を考え，はじめに，目的と動機をはっきりさせた．しかしながら，それらが，本当に実現しているかどうかを，確かめるのは，今，この本を手にした読者である．

2010年3月

夏目雄平

---

[1] 理系学部すべての学生に向けた「物理学入門」ではあるが，後半部は専門科目，大学院科目をも視野に入れている．むしろ，対象学年を限定しないところに特徴があると考えている．
[2] とはいえ，著者の意向に，読者が沿う必要もない．読んだ結果，「得るところがあった」「知的興奮を味わった」と思っていただければ，それも，本当に嬉しい．

目　　次

1. 序 —— 熱の物理学　1
   1.1 われわれの日常生活は熱力学世界だ　*1*
   1.2 熱力学の作られている基盤になる考え方　*2*
   1.3 熱力学の公理法則　*4*
   1.4 次元と単位　*6*

2. 現象論としての巨視的熱力学　11
   2.1 比熱，定積変化，定圧変化　*11*
   2.2 断熱変化と等温変化　*12*

3. エントロピー概念の導入　19
   3.1 理想気体の等温膨張　*19*
   3.2 熱の流入の記述　*22*
   3.3 断熱過程で膨張して外部に仕事をするとは何か　*26*

4. 外部からの熱によって動く熱機関 —— カルノーサイクル　28
   4.1 準静的な4つのサイクル　*28*
   4.2 カルノーサイクルより効率の高いエンジンはありえない　*31*
   4.3 エントロピーは状態量である　*33*
   4.4 地球の表面で生きて文化的な活動をしているということ　*34*

5. 希薄気体に関するマクスウェルの分子運動論　36

- 5.1 分子という描像の妥当性　*36*
- 5.2 方向性のない運動　*36*
- 5.3 状態方程式との比較　*38*
- 5.4 いろいろな平均　*40*

6. 熱力学の展開——1成分系　43

- 6.1 新しい熱力学関数への変換方法　*43*
- 6.2 平衡状態の条件—自由エネルギー F, G の便利さ　*44*
- 6.3 マクスウェルの関係式　*46*
- 6.4 混合のエントロピー　*47*
- 6.5 エントロピーを発生させないで暖めることは可能か　*48*

7. 分子の数量（モル）が示す効果——1成分系への化学ポテンシャルの導入　52

- 7.1 開かれた系　*52*
- 7.2 部分モル量　*53*
- 7.3 ギブス-デュエムの法則—1成分系の場合　*55*
- 7.4 相平衡—クラペイロン-クラウジウスの関係式　*56*

8. 電解質電池の熱統計物理学——「仕事」と呼ばれるもの　65

- 8.1 電解質濃淡電池　*65*
- 8.2 2種類の金属を電極に使う場合　*66*
- 8.3 電池の熱力学　*69*
- 8.4 共役な「力」と「変位」の様々な例　*71*
- 8.5 磁場中の磁化　*71*
- 8.6 他の系への拡張　*72*

9. 電解質水溶液における電気伝導の物理　75

- 9.1 電解質が持つ二面性　*75*
- 9.2 電極での反応　*80*

10. 多成分系への発展 ―― 化学ポテンシャルを理解の中心にして　85

- 10.1 多成分多相系　*85*
- 10.2 多成分混合系における部分モル量―一般の場合　*89*
- 10.3 理想混合における部分モル量　*92*
- 10.4 希薄線形領域での混合―化学ポテンシャルに与える効果　*93*
- 10.5 相変化における混合エントロピーの効果―沸点上昇,凝固点降下　*95*

11. 化学平衡の記述 ―― 成分間で反応が起こる場合　99

- 11.1 化学平衡―多成分が分子の組み替えをしつつも平衡である条件　*99*
- 11.2 化学平衡係数　*100*
- 11.3 反応速度と反応の次数　*107*
- 11.4 反応の次数は消失物濃度のベキか　*109*
- 11.5 電解質溶液の化学平衡　*110*

12. 表面張力の熱力学　114

- 12.1 表面張力の起因を力学的に説明すると　*114*
- 12.2 定　義　*116*
- 12.3 1円玉が水に浮く理由　*118*
- 12.4 水に浮かべた小物体を動かす方法　*121*

13. 水の不思議　123

- 13.1　毛管現象は水の特異性　*123*
- 13.2　疎水性相互作用　*125*
- 13.3　油滴，水滴の形成——水と油を混ぜる方法　*127*
- 13.4　ぬ　れ　*129*
- 13.5　撥水性の起因　*131*

付録——イオンの周りに集まるイオンの効果　*133*
あとがきと参考文献　*139*
索　引　*145*

1. 序 —— 熱の物理学

　火の利用が人類の持つ特異的資質の起源であるならば，いかにその熱を有効に使うかという問題は人類文化の根源的課題といえる．

　一般には，18世紀後半，蒸気機関の改良に多大な貢献をしたワット（J. Watt）が熱学の黎明期といわれている．この時代は産業革命期であり，熱機関を有効に利用することが社会全体の指導原理であったといえよう．そして，19世紀前半に学問としての熱力学の体系がカルノー（N. L. S. Carnot）らによって作られた．以後，物理学において，基礎概念形成面と実用面の両面でその進歩と拡大に大きな寄与をしてきた．実用面の寄与の重要性はいうまでもないが，基礎面での，何を仮定することによって何が得られるかという物理学理論体系のあり方そのものの問題とも密接に結びついていたことも特記すべきである．

　実際，20世紀には量子力学が形成されたが，その誕生には，熱放射などの熱の統計的側面が大きな寄与をしたことは有名である．

1.1　われわれの日常生活は熱力学世界だ

　朝起きて「今日は暖かいなぁ」とか「涼しいなぁ」と言うわれわれは，本質的に熱力学の世界に住んでいるのである．広い部屋の方が狭い部屋より空気の持っている総エネルギー量は大きい．しかし，広い部屋の方が必ずしも暖かいわけではない．

　力学が基本であるというのは物理学の先生の独りよがりであろう．

　「物理学の基本は力学でそのまた基礎はニュートンの運動方程式だ」
と物理学の先生はいう．即ち，力 F，加速度 α および質量 m の間には

$$F = m\alpha \tag{1.1}$$

の関係があるという基礎方程式である．しかし，物体に力を加えると加速度を得るということを我々は日常的に実感しているであろうか．氷の上に置いた荷物を運ぶ（！）ときくらいにしか実感できないのではないだろうか．たいていは荷物を運ぶ時，図1.1[*1)]のように，一定の速さで動かし続けるには力が必要と感じる

[*1)]　イラストはまいか工房．

図 1.1 摩擦のある地面の上を重い荷物を引きずるのは大変だ.

であろう．加速度はゼロなのに力が必要という場合があまりに多いのである．それは荷物と床の間で摩擦が働き，われわれの苦労してなした仕事というエネルギーは床を摩擦で熱することに費やされるからである．われわれの日常生活の世界は熱をやりとりしている世界なのである[*2)-3)].

1.2 熱力学の作られている基盤になる考え方

熱力学は物理学科目中，数少ないシステム理論である．ここでは構成粒子個々に働く力学（いわゆる mechanics）に立ち入ることなく，一般論として全体的な性質が理論的に展開され，実験（観測）と比較されている．そのため，力学（mechanics）だけでなく，経験則も必要となる．

箱のなかの 4 つの粒子を考えよう．図 1.2 を見てほしい．力学に従って動き回る様子がわかる[4)5)6)]．これを右左の部分にわける分け方は $2^4=16$ とおりである．だからおおよそ 16 コマ待つとあらゆる配置が現れることが期待される．これは力学で計算してもよいが，確率問題としても期待出来ることである．

ところが，分子数が $N=40$ になるとどうだろう．図 1.3 を見てほしい．初めに左半分に全部おいておくと，時間とともに全体に広がってしまう．これは，どの位の配置を調べると元に戻るであろうか．なんと $2^{40}=10^{12}$ とおりである．1 つの配置を $0.3\,\mathrm{sec}$ で調べるとすると，実に $3\times 10^{11}\,\mathrm{sec}=1$ 万年もかかる[*3)]．粒子数が $N=60$ になると実に $2^{60}=10^{18}$ とおりであり，これは調べるのに

[*2)] 逆に，力を加えると加速度を得るということと，力を与えないと等速度運動をそのまま続けることを明らかに示しているのが，宇宙空間での宇宙飛行士達の作業である．実際，宇宙船の中の様子をテレビ映像で見ると，ニュートンの運動方程式がそのまま成り立っている世界であるだけに，奇異に感じてしまうことがある．

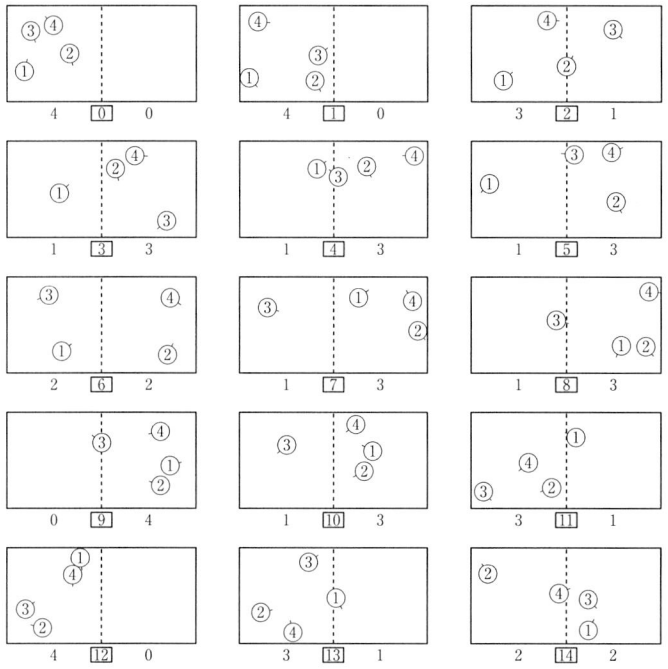

図 1.2　分子 4 個が運動する系（文献 4）図 1.16 より）．

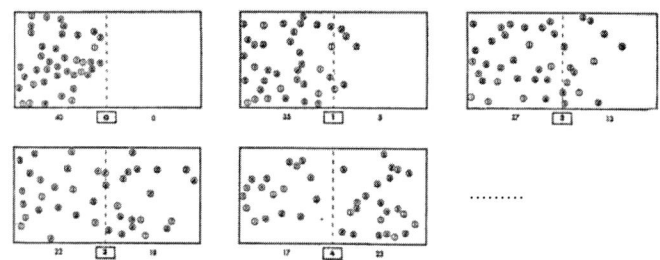

図 1.3　分子 40 個が運動する系．4 個の系とは本質的に違う（文献 4）図 1.18 より）．

3×10^{17} sec＝100 億年かかる．これは宇宙の年齢に匹敵する．

というわけで，ほぼ一様な分布が実現した後は，その状態が圧倒的に多いために，それが事実上続くといえる．

---

*3)　これは人類の文明の歴史の寿命にあたるであろう長さである．あと何年人類の文明が続くかは知らないが．

この状態を平衡状態（thermal equilibrium）という．時間は平衡でない状態である非平衡状態から平衡状態へ進むことになる．ここで，時間の流れに向きがあることがわかった．

　実際の気体を対象とすると，それを構成する分子数は10^{23}という猛烈な数である．この気体を構成する分子の配置は昔はきわめて偏った分布をしていたかもしれないが，熱力学を適用する段階では一様な分布としての平衡状態に達していると期待できる．

　このように平衡状態にある気体は総量，温度 T（絶対温度，absolute temperature），圧力 P，体積 V という量が定義出来る．これはわれわれの経験である．きちんとした定義は後で議論しよう．

　このなかで，体積 V は長さの測定で明確に定義できる．総量も重さからわかるが，アボガドロの定理によるとモル数 n という概念で定義可能である[*4]．圧力 P，温度 T は必ずしも容易な定義ではないが，経験上は容易に認められる量である．特に大気圧程度の圧力，常温程度の温度は経験的に量として知っている．ここではまず，この経験を利用しよう．経験を利用して作り上げる理論を現象論（phenomenology）という[*5]．

1.3　熱力学の公理法則

　経験を利用するならば，熱の関与する現象にはいくつかの公理法則が導入できる．ここでは「ミクロが本質でマクロはその近似」という考え方はしない．ミクロがあってのマクロであるが，「経験としてのマクロ」という表現世界があってこそ，ミクロな構成の意味に踏み込めるのではないだろうか？　そのようなマクロとミクロの相互関係こそ，熱力学，統計熱力学の本質ではないだろうか？[*6]

[*4]　1モルの気体は 6.022×10^{23} 個の分子を含む．これをアボガドロ数という．

[*5]　圧力の単位は Pa（パスカル）で $m^{-1}\cdot kg\cdot s^{-2}=N\cdot m^{-2}$ である．1気圧は 101325 Pa で水銀柱の高さで 760 mm にあたるので，760 mmHg とも記されている．天気予報で使われるヘクトパスカル（hPa）は 10^2 Pa のことである．1気圧は 1013 hPa である．

[*6]　ここで，絵画，新印象派シニャックの点描画「サン=トロペの港」を考えよう．この絵は，国立西洋美術館の常設展示にある．近くから見ると，精密ではあっても，点の集団に過ぎない．しかし，少しずつ離れていくと，ある場所から，劇的に保養地の港特有の明るい風景が浮き出てくる．点の集団がミクロ世界，風景の浮かび上がる世界がマクロに対応するといえる．

1.3.1 経験としての温度

[0] 熱力学第0法則 熱平衡の系は温度 T が定義できる．その温度は系の内的なエネルギー U（内部エネルギー，internal energy）のある性質を表記するものである．ただし，エネルギーの総量に比例する量ではない．系の構成要素を2倍にしてエネルギー総量を2倍にしても，温度は決して2倍になるわけではない[*7]．熱力学第0法則とは，温度 T に関する以下のような大切な性質である．

> 「2つの系があって温度 T が異なるとき，それを接触させると，高温の系から低温の系へ熱エネルギーが移って，最終的には両者がある共通の温度になる．それが2つの系が接触した状態での平衡状態である．」

つまり，接触させたばかりのときは非平衡状態だったのである．

1.3.2 理想気体という概念

ここで便利な概念として理想気体（ideal gas）を紹介する．さて理想気体は量，温度，圧力，体積のあいだには次式のような厳しい条件がある．

$$PV = nRT \tag{1.2}$$

これを理想気体の状態方程式（equation of state）という．高校ではボイル-シャル（Boyle-Charle）の法則と呼ばれている．

PV は次元はエネルギーであり，この気体が蓄えているエネルギーに比例するものである．他方上で述べた熱力学第0法則（熱平衡の系は温度が定義でき，その温度は系の内的なエネルギーを表記する）からこれをある絶対的な温度目盛りに比例する量で表記できるはずである．この温度目盛りを絶対温度という．以後はこの絶対温度を T（ケルビンの絶対温度 [K]）と表す．また，上でも述べたが，内的なエネルギーのことを内部エネルギー（internal energy）と呼ぶことにする．これは示量的な量[*8]なので，気体のモル数 n に比例することも当然である．

実際は 3/2 という係数をつけて

$$U = \frac{3}{2}PV = \frac{3}{2}nRT \tag{1.3}$$

と表される．この 3/2 の値は基本構成要素である分子の種類によって変わるが，その説明は後にして，ここでは単原子分子は 3/2 という値になることを与えてお

[*7] 後で述べるように示量的量ではない．
[*8] 系全体として2倍のものを考えた際にそのまま2倍になる量を示量的な量（extensive quantity），他方，そのままの値に留まる量を示強的な量（intensive quantity）という．例えば，質量は前者，密度は後者である．1.3.1項で論じたが，温度は示強的な量である．

くことにする*9).

さて R という比例係数も 1 モルあたりの分子数に比例するので，結局この R を N_{avo} *10)で割ったものである〈1分子あたりの R〉こそが基本的な定数である．これをボルツマン定数 k_B という．

$$\frac{R}{N_{avo}} = k_B \tag{1.4}$$

もっと詳しくいうと，理想気体の状態方程式で左辺は示量的な量，右辺の nRT のなかで温度 T は示強的な量である．これは R という気体定数が示量的な量であることを意味している．そこで気体を構成している分子の数でこの R を割ると分子1つあたりの気体定数（すなわち，ボルツマン定数 k_B）となるわけである．これは $k_B T$ というものが分子1つあたりの何らかのエネルギーを与えていることを意味している．実際は式 (1.5) のように，分子1つの運動エネルギーの平均が $(3/2)k_B T$ に対応している．人間は経験的に温度を感じられる．それは，皮膚に温点というものが分布していて，そこでは，空気の分子がぶつかってくる際に，その1つあたりのエネルギーを感じ取れるようになっているからである．決して「1つ」ということではないが，「1つあたりに分配された」エネルギーがわかる優れた性能のセンサーなのである*11).

$$\left\langle \frac{1}{2} m \boldsymbol{v}^2 \right\rangle = \frac{3}{2} k_B T \tag{1.5}$$

以上により，

$$R = k_B N_{avo} \tag{1.6}$$

つまり理想気体の状態方程式は

$$PV = n k_B N_{avo} T \tag{1.7}$$

となる．

1.4 次元と単位

力学の世界では，次元を表す基本の単位は長さ ℓ，時間 t，質量 M の3つであ

---

*9) 高校のテキストもそうなっている．

*10) 既に脚注*4)で述べたがアボガドロ数である N_{avo} は 6.022×10^{23} 個という無次元量である．個数には次元はない．第1章では N_{avo} と表記するが，第2章以降は N_a と記す．

*11) 酸素分子とか窒素分子のような2原子分子では原子間の振動の自由度へもエネルギーが与えられるため分子1つあたりのエネルギーの平均は $(5/2)k_B T$ となる．これは統計物理学でのテーマとなる．

る．例えば，速さの次元は $\ell^1 t^{-1}$，加速度の次元は $\ell^1 t^{-2}$ であってエネルギーの次元は $\ell^2 t^{-2} M^1$ である（以下 1 乗の 1 は省略する）[7][8][9]．

しかし，ここでは，熱の現象を扱うので，もう 1 つ基本単位を持ち込む必要がある．それは何だろう？ 熱量 Q では？ と考えるかもしれない．しかし，Q はエネルギー（の一形態）なので，次元は，やはり，$\ell^2 t^{-2} M^1$ である．だから，本当はカロリー [cal] という単位は不要なのだが，経験的な利便性もある．カロリーからジュール [J] への換算率を熱の仕事当量（mechanical equivalent of heat）という．1 cal＝4.18605 J である．

熱力学で持ち込むべき新しい次元は，温度 T である（この節では，時間 t とまぎらわしいので，θ と書こう）．しかし，その θ へボルツマン定数 k_B をかけた $k_B \theta$ は上記の熱量である．だから，k_B は，熱的世界とエネルギーの橋渡しをしている．これこそ，新しく導入すべき基本単位であるという見方も出来る．そうすると，第 3 章で導入するエントロピー S の単位がボルツマン因子 k_B であるのもうなずける．もちろん，「どちらかが正しい」という問題ではなく，換算の問題である．

実際，力学の世界でも，基本単位として，ℓ, t, M の代わりに，普遍定数と呼ばれる光速度（c，次元 $= \ell t^{-1}$），万有引力定数（G_r，$\ell^3 t^{-2} M^{-1}$），プランク定数（h，$\ell^2 t^{-1} M^1$）の 3 つを使ってもよい．実際，長さ ℓ，時間 t，質量 M はこの 3 つの普遍定数を使って，

$$\ell = c^{-3/2} G_r^{1/2} h^{1/2}, \qquad t = c^{-5/2} G_r^{1/2} h^{1/2}, \qquad M = c^{1/2} G_r^{-1/2} h^{1/2} \tag{1.8}$$

という次元になる．このあたりの議論は，『計算物理 I』[7] に詳しく書いてある．これら c, G_r, h を用いると，新たな普遍定数である k_B を加えて，理論構成上は，すっきり表せることになる．例えば温度 θ は

$$\theta = c^{5/2} G_r^{-1/2} h^{1/2} k_B^{-1} \tag{1.9}$$

ということになる．

【問題 1】 式 (1.9) を確かめよ[*12]．

われわれは，現実には，温度 θ という量を使って膨張係数（次元 $= \theta^{-1}$），熱容量，気体定数，エントロピー（$\ell^2 t^{-2} M \theta^{-1}$），単位質量あたり比熱（$\ell^2 t^{-2} \theta^{-1}$），熱伝導率（$\ell t^{-3} M \theta^{-1}$）などを表記している．

[*12] まず，本節はじめにあるエネルギーの次元を c, G_r, h で表し，そこに k_B^{-1} をかければよい．

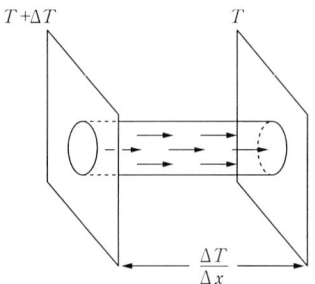

図 1.4　熱伝導率を考える系の模式図

1.4.1　熱伝導率

ここでは，熱伝導率について，述べておこう．図 1.4 に模式的な図を描いておく．まず，熱流密度 q_{tr} を，単位時間に，単位面積の面を通過するエネルギーとして定義する．エネルギーの次元は $\ell^2 t^{-2} M$ である．q_{tr} はこれを $t\ell^2$ で割るので，

$$\frac{\ell^2 t^{-2} M}{t \ell^2} = t^{-3} M \tag{1.10}$$

という次元になっている．図のように，平行な 2 つの面を考え，各面が異なる温度で一様になっているとする．面間には温度の勾配ががかかっている．この温度勾配の次元は温度を距離で割ったものなので，次元は $\theta \ell^{-1}$ である．このような温度勾配のある面間を流れる熱流密度を温度勾配で割ったものが，熱伝導率 λ である．そのため，次元は，

$$\frac{t^{-3} M}{\theta \ell^{-1}} = \ell t^{-3} M \theta^{-1} \tag{1.11}$$

となっている．

これは，単位の温度勾配のなかで，単位の断面積を通過する単位時間のエネルギーになっている．熱伝導率 λ という名にふさわしい．これに対して，そのような熱の流れによって，単位の長さあたり，失われる（あるいは）得られる熱量のことを熱伝達係数（heat transfer coefficient）という．次元は

$$\frac{\ell t^{-3} M \theta^{-1}}{\ell} = t^{-3} M \theta^{-1} \tag{1.12}$$

である．

ここで，熱の関与する量から無次元の量を作ってみよう．管のなかを熱量が流

れている系（強制対流という）を考えよう．熱流密度，すなわち，単位面積あたり，単位時間に失われる熱量 q' の次元は，式 (1.10) で得たように，$t^{-3}M$ である．これをを熱伝率 λ の次元 (1.11) で割ると，

$$\frac{q'}{\lambda} \text{の次元} = \frac{t^{-3}M}{\ell t^{-3}M\theta^{-1}} = \frac{\theta}{\ell} \tag{1.13}$$

を得る．そこで，系を代表するある長さ a をかけて，この系の温度 T_0 で割ったものを N_u とおくと，

$$\frac{q'a}{\lambda T_0} = N_u \tag{1.14}$$

となり，得られた N_u の次元は $\ell^0 M^0 t^0 \theta^0$ という無次元量になっている．実際，a として管（円管）の半径を採用した場合，この無次元量はヌセルト数（Nusselt number，記号 N_u）として知られている[*13]．

というわけで，本書では，慣習に従い，温度 $\theta(=T)$ を基本単位として用いることにしよう[*14]．

1.4.2 物理定数は描像換算機能子

このあたりの事情は，量子力学で導入されたプランク定数 h が，波動（波長）と粒子（運動量）という一見全く異なっている描像の間の換算機能子であることと事情が似ている．熱の物理学において，ボルツマン定数 k_B が熱と（運動）エネルギーという，長い間（一見）異なるものと思われていたものの間の換算機能子になっているわけである．

ただし，プランク定数は基本粒子 1 つにまでさかのぼるミクロな換算機能子であるのに対して，今度の新顔の k_B は，極めて沢山の量があって始めて意味が出てくる量であることも興味深い．分子の運動エネルギーとの換算率といっても分子が沢山あって平均した量としてのみ意味を持っているわけである．それ故にこそ，エントロピーの源が基本構成粒子としての「分子」かどうかとかは知らないとしても，何か極めて多くの自由度を持った対象の秩序が壊れる現象であるという性質を含んでいる（と予言していた）のである．というわけで，最も忠実な基本単位は k_B にアボガドロ数 N_{avo} をかけた気体定数 R かもしれない．しかし，

[*13] 無次元量（無次元積）は他にも作れるが，本書ではこのくらいにしておこう．「熱伝導工学」のような本で，例えば「ペクレ数」という難しそうな名前が出てきても，物理量の組合せで無次元の積を作ったものに過ぎないという感覚を持ってほしい．

[*14] 参考にした文献は押田勇雄『物理学の構成（新物理学シリーズ 1）』[10] である．

N_avo は，メートル法で決まっているというような，数値に本質的な意味はないので，これをかけたものは，普遍定数という資格を失っている．さらに，粒子が電荷を持っている場合は，その集合体も電荷量を持ち，それが流れを作れば，電荷が移動し，電流となる．そこで，単位電荷にアボガドロ数をかけたものについて，ファラデー定数 F という名前がつけられている．これも，単にモルあたりの電荷量という意味に過ぎない．ところが，実用上は「モルあたり」という量の多用によって，テキストでは中心的存在になっているわけである．

というわけで，長いまえがきともいえる第1章を，このようなテキストとしては「非標準的な」お話で終えることにする（第2章からは「標準的な」記述をしています．しかし，ここで述べたことは，第7章から，再び考え方の「背景」として現れてきます．それも本書の特徴です）．

2. 現象論としての巨視的熱力学

　第1章を受け，経験に基づく現象論を進めよう．理想気体という概念は，分子間の相互作用を無視するもので，気体の個性は失われるが，それらの多様性に依存しない性質を与えるという点に意味がある[*1)]．

　[I] 熱力学第1法則　これはエネルギー保存則である．ただし熱量 Q も量的にはエネルギーの一形態として扱う．系が外へした仕事 W の変化量 $\mathrm{d}W$ を導入すると，この第1法則は

$$\mathrm{d}Q = \mathrm{d}U + \mathrm{d}W = \frac{3}{2}nR\,\mathrm{d}T + \mathrm{d}W \tag{2.1}$$

という形になる．これは，系へ流入した熱量 $\mathrm{d}Q$ は系に内部エネルギー増加（即ち，温度上昇）と系が外にした仕事 $\mathrm{d}W$ に使われるということができる．

　熱量はカロリー［cal］という単位でよく表されるがこれはエネルギーの単位としてはジュール［J］で表される．両者の関係は，1 cal＝4.186 J である．これを熱の仕事当量という[*2)]．

2.1　比熱，定積変化，定圧変化

　ここからは簡単のため系のモル数を1としよう．熱量の流入 $\mathrm{d}Q$ は，気体の内部エネルギーの増加になる．他に仕事として使われることなく，それのみならば，

$$\mathrm{d}Q = \frac{3}{2}R\,\mathrm{d}T \tag{2.2}$$

となる．もしも系の体積増加を伴うならば，それは外部への仕事 $\mathrm{d}W$ であり，圧力 P のもとでは $P\,\mathrm{d}V$ と記せるので，

$$\mathrm{d}Q = \frac{3}{2}R\,\mathrm{d}T + P\,\mathrm{d}V \tag{2.3}$$

となる．すなわち体積膨張の方へも熱量というエネルギーが使われる．

[*1)] ここで全般的な参考文献を紹介しておこう．数学のテキスト一冊[11)]，データ集として2冊[12)13)]，熱力学のテキストとして1冊[14)]，物理化学のテキストとして1冊[15)]あげておく．

[*2)] 英語では mechanical equivalent of heat という．「熱の力学的等価量」よりもこの方が意味が取りやすいではないか．難しい翻訳言葉が理解を妨げることもある．

そこでモル比熱 C を導入しよう．系の温度を上げるために必要な熱量エネルギー（の比）であって dQ/dT である．上の議論から，系が体積増加を伴わない場合と伴う場合とで異なることがわかる．即ち，前者が定積モル比熱 C_v で

$$C_v = \frac{3}{2}R \tag{2.4}$$

である．後者は定圧比熱

$$C_p = \frac{3}{2}R + \frac{d}{dT}(P\,dV) \tag{2.5}$$

であるがここへ理想気体の状態方程式（1 モルとしてある）を代入すると，

$$P\,dV = R\,dT \tag{2.6}$$

なので結局

$$C_p = \frac{3}{2}R + R = \frac{5}{2}R \tag{2.7}$$

となる．ここで，式 (2.3) は

$$dQ = C_v\,dT + P\,dV \tag{2.8}$$

と記せることに注意しよう．また，$C_p > C_v$ であり，その比 C_p/C_v を比熱比 γ と書く．理想気体では $C_p = C_v + R$ なので，

$$\gamma = 1 + \frac{R}{C_v}$$

である．

2.2 断熱変化と等温変化

2.2.1 断熱過程は素早い操作

前節は系に熱エネルギーを与えた場合であるが，系に熱エネルギーを与えないで系の体積変化をさせる場合を考えよう．これを断熱変化と呼んでいる．文字どおり熱を遮断して行われる過程であるが，多くの場合，熱の出入りが間に合わないくらいに素早く行われる操作過程に対応している[*3]．

この場合，

$$0 = dQ = C_v\,dT + P\,dV \tag{2.9}$$

であり，ここへ $P = RT/V$ を用いると，

[*3] 急激な変化（瞬時変化（過程））という言い方が当てはまる．断熱変化（過程）という用語は正しいが初歩的段階では理解しにくいと思われる．

2.2 断熱変化と等温変化

$$C_v \frac{dT}{T} + R\frac{dV}{V} = 0 \tag{2.10}$$

を得る．これはよく比熱比 γ を用いて

$$\frac{dT}{T} + (\gamma-1)\frac{dV}{V} = 0 \tag{2.11}$$

と書かれる．これは積分すると[*4)]

$$\log T + (\gamma-1)\log V = 一定 \tag{2.12}$$

となりこれは

$$TV^{\gamma-1} = 一定 \tag{2.13}$$

を意味している．またこれは理想気体の状態方程式 $T=PV/R$ を使うと，

$$PV^\gamma = 一定 \tag{2.14}$$

を与える．これらは，断熱変化の重要な式である[16)17)]．

a. 微小変化 前項では，変数 x の微小変化として，dx を使っている．これは，変化を小さくしていった極限として，微分積分の符号になっている便利な用法である．微分方程式の形が自動的に与えられ，それを積分することもできる．しかし，この記法に不慣れな読者もいるであろう．その場合，x の充分に小さいが有限な変化量として，Δx という記法をしてほしい．つまり，今までの dx はすべて Δx として成立する．この場合微分方程式に対応するのは，

$$\frac{\Delta T}{T} + (\gamma-1)\frac{\Delta V}{V} = 0 \tag{2.15}$$

これは

$$\frac{\Delta T}{\Delta V} = -(\gamma-1)\frac{T}{V} \tag{2.16}$$

であり，T という関数が V という変数のベキ関数であることを示唆している．そこで，

$$T = AV^y \quad (A=定数) \tag{2.17}$$

とおいてみる．実際，この関数 T の V についての微分は AyV^{y-1} であり，これは yAV^yV^{-1} なので，yT/V となる．すなわち，$y=-(\gamma-1)$ であることがわかる．結果として前節の断熱変化の式

[*4)] 微分方程式論でいうと，変数分離形という最も解きやすい形になっている．ここではその解法をすべて「積分して」という言葉に含めている．ライプニッツの導入した微分記号，積分記号の便利さがよくわかる．微分法の発見がニュートンかライプニッツかという論争は，本人同士の原典的見解がどうという段階から，イギリスとドイツの面目がかかってしまい複雑化している．それはともかく，現代のわれわれは，ライプニッツの提唱した記号を使っている．

$$T = AV^{-(\gamma-1)}, \quad TV^{\gamma-1} = 一定 \tag{2.18}$$

が得られた．

b. 断熱変化は自然な過程　以上によって，体積を減らすというような，操作は当然，外部から仕事をして，圧力を高めることであり，その仕事によって系の内部エネルギーは増す．つまり，温度が上昇する．例えば，自転車のポンプでチューブに空気を入れるとタイヤが暖まってくることはよく経験する[*5]．逆に，膨張という体積増加は外部へ仕事をするので，気体系は内部エネルギーを失うため，温度が下がる．スプレーを使っていると，スプレー缶が冷えているということも注意していると気がつく．

2.2.2 等温変化

さて，極めて自然な断熱変化に対して，高校で「当たり前」として習う等温変化はかなり複雑である．気体は圧縮すると温度が上昇してしまうので，温度を一定に保つには，気体からどんどん内部エネルギーを廃熱として逃がさなければならない．そのような廃熱装置が完璧に働いている場合に，等温圧縮が起こる．

また，気体を膨張させると，温度が下降してしまう．そこで，一定に保つために外部から熱エネルギーを与えてやる必要がある．これがなされてはじめて，等温膨張が可能になる．

a. 熱溜　前述の気体系の温度を一定に保つ外部の装置に熱溜（heat reserver）がある．ある温度を持ち，極めて熱容量が大きく，かつすみやかに，熱を出し入れできる働きが必要である．一般に，大気，大きな水槽内の液体などがこれにあたる[*6]．

b. 理想気体の状態方程式　このような等温変化では

$$PV = 一定 \tag{2.19}$$

となる．これは上記の理想気体の状態方程式から容易に記述されるが，熱溜の存在という深い意味があることを知ってほしい．

このような等温変化では $dT = 0$ なので，

[*5]　気象学で有名なフェーン現象のメカニズムも断熱圧縮である．湿気を含んだ空気が山の斜面を登り，山頂付近で雨を降らせる．標高が上がるが，温度の低下は少ない．その後，乾燥した空気が，山頂から吹き下ろす際に断熱圧縮によって極めて高温になる．地形的に起きやすい場所がある．日本では山形市などである．

[*6]　熱溜の条件は大きな系であることに加えて，熱伝導性が極めてよく，全体の熱的均一性が速やかに保たれることも重要である．これも教科書になかなか載っていないが重要なことである．

$$dQ = P\,dV \qquad (2.20)$$

で記述される．つまり，気体の膨張において，流入した熱量はすべて体積増に使われて，気体の内部エネルギーに変化はない．この過程の dQ はまた気体系が外にした仕事 dW に対応している．

また，気体の圧縮においては，外から与えた仕事は全て，熱として，外部に出ている．そして，気体の温度は変わらない[*7]．

さて，以上2つの過程，断熱変化，等温変化を膨張と合わせて圧縮に使うと，いろいろおもしろい操作が可能になる．ここで，断熱収縮とは，外部からの仕事で気体が圧縮され，結果として，温度が上がるプロセスである．また，等温圧縮とは，外部から気体を圧縮する際に熱溜に系を接触させておいて，系の温度を一定に保つプロセスである．系から熱溜には熱が逃げていく．これは排熱である．また，等温膨張とは，熱溜に接したまま膨張させるので，熱が熱溜から気体へ入っていく過程である．つまり，高温源と低温源という2つの熱溜を用意して可能になるサイクルである．おもしろい応用操作の例がカルノーサイクル（Carnot's cycle）である[*8]．これについては，節を改めて論じるが，その前に熱力学の第2法則，第3法則をまとめておこう[*9]．

2.2.3 熱力学第2法則—時間の流れの向きと摩擦

［II］ **熱力学第2法則** われわれは熱エネルギーをエネルギーの仲間に加えて，エネルギー保存則を記述した．これは量としては，もっともである．しかし，エネルギーの質としてはずいぶん違うことを知っている．

われわれが力学的な仕事をして摩擦を起こすとその部分が暖まり熱エネルギーを得られ．しかし，逆に熱エネルギーが自発的に，外から操作をしないで，力学エネルギーに変わることはない[*10]．熱量は量的にはエネルギーの一形態だが，

[*7] 高校では等温過程しか扱わないようにという指導要領は何を教えろというのだろう．考えてみるに，熱溜という大きな外界を（あまり意識しないで）考えてそれが熱エネルギーを与えてくれていることを前提にしている．その熱溜は他の系と熱エネルギーのやりとりをした程度では温度 T は変わらないのである．日常生活では大気が熱溜にあたることが多いので，解釈しやすいということなのであろう．

[*8] カルノーは父がナポレオンの軍事大臣であり，彼自身も軍人であったがナポレオンの失脚などのため，軍人職を休職して科学の研究に専心した．人間の運命はわからないものである．

[*9] 多くのテキストではカルノーサイクルを紹介してから，熱力学第2法則を説明している．しかし，カルノーサイクルに縛られない一般的なものとして，まず概略を述べた方がよいと考えている．極初歩の学生に，「カルノーサイクルがわからないと熱力学全体が理解できない」というようには考えてほしくないからである．

質的には特異な存在である．

エネルギーの質を表現する目盛りとしてエントロピーを導入しよう．これはエネルギーの質を意味している．そして外部から孤立している系ではこのエネルギーの質は決して良くなることはなく，質を保つか，悪化するだけであるという法則がある．このエネルギーの質の悪化にエントロピーという名前を付けよう．熱力学第2法則は「外部から孤立している系ではエントロピーは決して減ることはなく，保つか，増加するだけである．」と言い表せる．

ここで，われわれは無意識のうちに，時間の流れに向きがあることを使っている．力学的なエネルギーが熱エネルギーに変わる時間の方向を時間の過去から現在，そして未来へと続いていく流れの向きとしているのである．エントロピーという言葉を使うならば，エントロピーの増大する方向が時間の向きなのである．

実際，多くの過程はエントロピーの増大を伴っている．むしろ，エントロピーの増大のない過程の方が，珍しい．前者は時間の向きを決めているので，もとには戻れない．そこで，不可逆過程という．後者はそのような制約がないので，可逆過程という．

a. 摩擦の存在の本質

それでは，古典力学が本当に時間の流れの向きを考えていないのだろうか．確かに，基礎的な，ニュートンの運動方程式は時間の向きを反転しても変わらない．しかし，ひとたび，摩擦というものを考えると事態は複雑である．摩擦によって力学的なエネルギーはどんどん失われてしまう．この場合は系は保存力でないものを受けているという．もはや力学的エネルギー内だけの保存法則は成り立たなくなるのである．実は，このような事情は量子力学でも同じである．さらにここで，電気学で最も基本的なオームの法則を考えよう．

抵抗 R の両端に電圧 V をかけて電流 I を流すと，それらは $I=V/R$ になるという法則である．これも抵抗では電気エネルギーが熱エネルギーに変わっているのである．つまり，不可逆過程の方が普通であって，摩擦が無いとか抵抗が無いとかの特殊な状況が，可逆過程なのである．というわけで，現実の問題に直面する際は，我々は，知らず知らずのうちに，熱の科学を扱っているのである[11]．

[10) りんごは木から落ちるが，地面にあるリンゴが地面の熱エネルギーを使って木まで飛び上がることはない（もし起こっても熱力学第1法則には反しないが）．

[11) 「熱の問題はこの宇宙全体に影響されている」ともいえる（ファインマンの物理学講義録[6]より）．

2.2.4 絶対零度の存在

[Ⅲ] **熱力学第3法則**　さて，熱力学にはもう1つの法則がある．それは絶対零度の性質に関するものである．この法則はわれわれが対象としている系の持つ一般的性質であって，熱力学というよりも凝縮系の量子力学的な性質である．絶対零度の持つ普遍的性質として，系は最終的には極めて規則正しい秩序状態へ落ち込むという原理である．これは，絶対温度が絶対零度に近づくと，エントロピーは正の方向からゼロに近づくという表現となる[*12]．

2.2.5 現実系での残留エントロピー

さて，絶対零度でエントロピーがゼロといっても，実験では絶対零度は作れない．そこで，現在の実験技術において，低温にしてもエントロピーが残っている場合を考えよう．例えば，氷では，大きな残留エントロピーがある．値は $3.39\,\mathrm{J\cdot K^{-1}\cdot mol^{-1}}$ である．これは，酸素原子のまわりの水素原子（陽子）の位置が定まらないためである．図2.1 (a) を見てほしい[18]．各酸素原子は隣の酸素を頂点に持つ正四面体の中心にある．そのため4本の結合の手を持っているが，水素の数は，H_2O という構造に縛られている．つまり，酸素原子の周りに水素原子が2つという構造をとっているが，その組み合わせ（つまり水分子としての向き）は瞬間，瞬間に[*13]変わっていくわけである．水素原子とは陽子に他ならないので，氷のなかの陽子は位置が定まらず飛び回っているというわけである．氷は陽子にとっては液体というべきかもしれない．これが残留エントロピーの起因である．

計算してみよう．図の 2.1 (b) の平面モデルが見やすい．まず，水分子は，4つの手（結合ボンド）がある．ここから2つを選ぶので，選び方は，6通りある．図でいうと，左右，上下，左上，左下，右上，右下である．しかし，この全てが正しい結合ではない．そこで，正しい結合が出来る確率（正解率）を求めよう．それは，1つの手にとって1/2しかない．それが，水分子にとって，2回重ならないといけない．総合正解率は $(1/2)^2=1/4$ である．というわけで，選び方に総合正解率をかけて，$6\times(1/4)=3/2$ になる．エントロピーは，それを分子数 N 乗し，

[*12) 実はわれわれは絶対零度というものを知らない．それに近づいていく過程を追えるだけである．宇宙空間も絶対零度ではなく，3K程度であることが実測されている．この温度は「真空」が持っているわけであるが，正確には電磁波の集団（輻射場という）が持つ温度というべきである．
[*13) 時間を定めることは難しいが，10^{-8} 秒程度である．

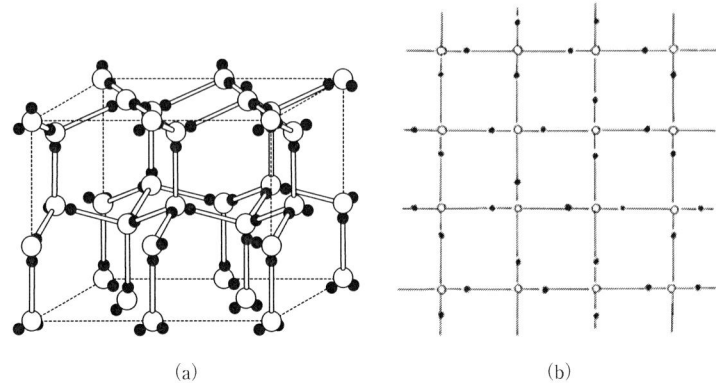

図 2.1 氷の構造．(a) 酸素はダイヤモンド構造をしている（文献 18）図 2.3 より）．その各酸素は隣の 2 個の水素と H_2O を形成している．酸素間のボンドには水素の取り得る位置が 2 つあるが，同時に 2 つは占められない．1 つの水素のみ存在できる．(b) 氷の構造のネットワークを抽出した平面モデル．正方格子の格子点の酸素はボンド中の 2 個の水素と H_2O を形成するが，そこには自由度が残っている．これが残留エントロピーの起因である．

その対数をとって，k_B をかけると得られる．つまり，

$$S = k_B N \log(3/2) \qquad (2.21)$$

となる．これは，$3.47\,\mathrm{J\cdot K^{-1}\cdot mol^{-1}}$ になり，上記の実測値を 2% のズレで説明している．理論の単純さを考えると，これは驚くべき精度である．この理論は，ポーリング（L. Pauling）によって提唱されたもの（L. Pauling, *J. Am. Chem. Soc.*, **57**, 2680）を，筆者が少々，別の見方から等価な説明を試みたものである．もし，非常に低い温度が得られれば，陽子の動きは止まり，残留エントロピーはゼロになると予想されるが，未だ測定（観測）に成功していない．そこでは新たな氷（H_2O 結晶の未知の相）の物性が出現するであろう．身近な氷だが，未知の課題は多い[19]．

もちろん，水（H_2O の液体）にはさらに不思議なことが多い．本書の第 13 章でそれを論じる．

第 3 章ではエントロピーを，気体系を対象としてもう少し具体的に考えてみよう．

3. エントロピー概念の導入

3.1 理想気体の等温膨張

さて,ピストンのついたシリンダーに理想気体が1モル入っているとする.この系が温度 T の熱溜と接触しつつ,膨張する場合を考えよう.図3.1を見てほしい.気体はピストンを押すことによって外部に仕事 W をする.圧力 P に逆らって体積を dV だけ増すので,

$$dW = P\,dV$$

だけの仕事をする.そこで,体積を V_1 から V_2 へ増加させる過程での全仕事 $W_{1\to 2}$ は

$$W_{1\to 2} = \int_{V_1}^{V_2} P\,dV = RT \cdot \int_{V_1}^{V_2} \frac{dV}{V}$$

となる.この定積分を実行すると,$RT \cdot \log(V_2/V_1)$ が得られる.これは

$$\frac{W}{RT} = \log\frac{V_2}{V_1}$$

を意味する.仕事 W は熱溜から流入した熱量であるので Q とも書ける.さらに,$R = N_a k_B$ であることから,

$$\frac{Q}{k_B T} = N_a \log\left(\frac{V_2}{V_1}\right)$$

が得られる.

ここで,右辺の $N_a \log(V_2/V_1)$ は何であろうか.今 $V_2 = 2V_1$ と仮定しよう.するとこれは $\log 2^{N_a}$ になる.

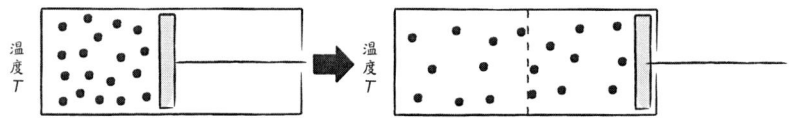

図3.1 温度 T の熱溜に接している系が,等温膨張で2倍になった際に変化しているものは何か?

3.1.1 準静過程

ここで,ピストンの動かし方について注意しておこう.外部へ仕事を取り出すためには,ピストンを充分にゆっくりと引き出し,その操作の一点一点で,系が平衡状態とみなせるようにしなければならない.具体的には,ピストンが内部から押される力 F に対して,極めて F に近いが F よりも小さな力 $F-\Delta F$ でピストンを支えつつピストンを押し出させなくてはならない.その過程において,少しずつ,仕事という形で,外部にエネルギーを取り出すのである.このような操作を伴うやり方を準静過程という.操作の一点一点では,平衡状態を保っているとみなせるので,可逆な過程でもある[*1)].

他方,このような操作をしないで,自然の膨張にまかせてしまうやりかたを自由膨張過程という.このような過程のちがいについては 3.3 節で再度説明する.

3.1.2 膨張の前後で変わるもの

さて準静過程による膨張の前後で,熱溜から流入した熱量が外部に仕事をしたわけであるが,気体は温度は変わっていない.気体は,受け取った熱エネルギーを外部への仕事として受け渡す単なる「仲介物」のようにも思える.気体は,いったい,何が変わったのであろうか.

膨張前はシリンダーの左半分に気体分子がいたという情報を知っていたが,膨張後はシリンダー全体に気体分子はいるので,その情報は失われている.1つの分子では場合の数が 2 増したわけだから,N 個の分子では 2^N の場合数になっている.それこそが「失われた情報」である.というわけで $\log 2^N$ は log(失われた情報を定量化したもの)である.

われわれは,そこで,この量にボルツマン定数 k_B をかけた量としてエントロピー S を

$$S = k_B \log(\text{取り得る場合の数}) \qquad (3.1)$$

として導入しよう.とり得る場合の数は N とともに膨大に増加するが,対数をとったエントロピーという量は N の大きさで増加するものであり,示量的な量になっている.

また,この S の変化 dS が温度 T を持つ熱溜から流入した熱量 dQ でもたらされたことを考えると,

[*1)] 準静過程については,『物理学とは何だろうか』(朝永振一郎 岩波新書, 1979) に詳しい記述がある.氏の綿密な理論設定を垣間見る思いがする.

$$dS = dQ/T \tag{3.2}$$

が成立する[*2]．

3.1.3 なぜ対数なのか

前項では，エントロピーを対数をとって定義した．しかし，取りうる場合の数 Ω を物理量としても同じことではないか，という考えが浮かぶ．でも，対数をとってエントロピーを導入した．その理由を述べておこう[*3]．

もし，Ω を使うとしたら，系 A の場合の数 Ω^A，系 B の場合の数 Ω^B を合わせると全体の場合の数 Ω^0 はそれらの積になってしまう．これでは，エネルギーとか体積とか，系 A の量と系 B の量の和になる量，示量的な量になっていない．だからといって，温度 T のように，大きさに依らない示強的な量でもない．劇的に量に依存する，超示量的な量になっている．そこで，これを何とか，系における量の和で表現できるようにしたいと考えて導入されたのが，(結果からふり返ってみた) 動機なのである[*4]．

実際，対数には，ベキ乗を単なるたし算にする働きがある．そこで，系 A と系 B を考え，系 A が個数 N，系 B が個数 M であるとする．すると，

$$k_B \log a^{N+M} = k_B(N+M) \cdot \log a = k_B \{N \cdot \log a + M \cdot \log a\} \tag{3.3}$$

である．これは全体のエントロピーは系 A のエントロピーと系 B のエントロピーの和で表せることを示している．すなわち，加算的 (additive) になっていて，エントロピーという量を示量的にしている．物理学概念として積であるものを，扱いやすい和の計算で扱って，示量的にする．その操作に対数は必須なのである[*5]．そして，1 の対数はゼロであることは，場合の数が 1 通りに決まっている

[*2] 歴史的には逆で，$dS = dQ/T$ が古典熱力学で導入され，後に統計力学として，$S = k_B \log$ (場合の数) が定義された．そして，情報という言葉で解釈されなおされて，情報科学にも適用されていった．なお，この論理は厳密に考えると修正しなければならない点がある．しかし，ここでは，まず，直感的な描像を持ってもらうため，あえてこの形にした．

[*3] こういう理由（理論的産物を導入する動機）の説明はあまり見かけない．これは，建築物の紹介の時に，建築中に使った足場の構造とか材質が説明されないという事情と同じである．出来上がったものの素晴らしさを強調したいがために，軽視されるのである．

[*4] だから対数がなければ，熱力学は作れなかったと言い切るわけではない．人間が対数を使うかどうかに関係なく自然はあるのだから，表現手段として他にないということはとうていいえない．

[*5] ここで対数の底が e であることつまり自然対数を使うことは本質的ではないことがわかる．実際，底は扱う系に応じて決めてもよいのである．熱力学，統計物理学では e を使うが，情報科学では計算機のシステムに合わせて，底を決めることがある．例えば機械計算基礎科学では 2 を使う場合がある．

とエントロピーはゼロであることをいっている．これが前章での熱力学第3法則を与えているともいえる．

3.2 熱の流入の記述

ここで，理想気体はその内部エネルギーが PV に比例するものとして表されるので，膨張の前後で変わっていない．外部からの熱の流入が，外部への仕事に変わったのである[*6]．

ここで，われわれは考えている系（今の場合はシリンダー内の理想気体）へ流入する熱エネルギー dQ を

$$dQ = T\,dS \tag{3.4}$$

として表記する方法があることがわかる．

この記述は一般的であって，理想気体に限らず成立する．一般的に，「熱の流入は系のエントロピーの増大を招く」のである．

そこで，熱力学第1法則に代入すると，

$$T\,dS = dQ = dU + dW = dU + P\,dV \tag{3.5}$$

となる．これを気体の熱力学基本式ともいう．変形すると，

$$dU = T\,dS - P\,dV \tag{3.6}$$

となる．これは系の内部エネルギー U はエントロピー S と V の2つの変数で表される関数

$$U = U(S, V) \tag{3.7}$$

であることを示している．

また，圧力 P と体積 V の積でエネルギーの次元を得のと同じように，エントロピー S と温度 T の積でエネルギーの次元になっていることも興味深い．もっと詳しくいうと2つの系に圧力差があると，体積変化という形でエネルギーが移動するが，温度差があると，エントロピー変化という形でエネルギーが移動するわけである．あるいは，体積変化という力学的に明瞭な形でエネルギーが移動するのが圧力 P と体積 V の積であり，そのような力学的記述が出来ないのが，エントロピー S と温度 T の積という熱量の流れである．

[*6] 結果として熱というエネルギーが仕事に変わっている．その際，気体は体積増加という「ことがら」が残ったことになる．この「ことがら」がエントロピーというものである．気体はエントロピーというものを，外部に出してはいない．このあたりの議論は文献19）を参照されたい．

3.2 熱の流入の記述

しかしながら，それぞれの意味の理解の仕方（やさしさ，難しさ）はかなり異なる．前者が，力学過程というわかりやすい（ピストンに目盛りを付けておけばそれを読み取ればよい）表現になっているが，後者はそうはいかない．力学過程というような単純な表現をあきらめて，熱をなんとか似た形（積がエネルギーの次元を持つもの）にしたのが，後者というべきである．

3.2.1 変数の変換

さて，以上の議論から，内部エネルギー $U(S,V)$ の変化の各項（力学的寄与と熱的寄与）について，エントロピー S と体積 V を変数として，

$$dU = TdS - PdV \tag{3.8}$$

と表すのに，限らなくてもよいことに気づく．V の代わりに P を使ってもよい．つまり，内部エネルギー U とは別にエネルギーを表す熱力学関数が変数 (S,P) について作れるはずである．今，熱力学関数として，

$$H = U + PV \tag{3.9}$$

を導入し，これをエンタルピーと呼ぶ．変分を求め式 (3.8) を代入すると，

$$dH = dU + PdV + VdP = TdS - PdV + PdV + VdP = TdS + VdP \tag{3.10}$$

になる．変数が S と P になっている．そこで，

$$dH = \left(\frac{\partial H}{\partial S}\right)_P dS + \left(\frac{\partial H}{\partial P}\right)_S dP \tag{3.11}$$

なので，2式を比較すると，

$$\left(\frac{\partial H}{\partial S}\right)_P = T, \qquad \left(\frac{\partial H}{\partial P}\right)_S = V \tag{3.12}$$

になっている．ところが，数学的には

$$\left(\frac{\partial^2 H}{\partial P \partial S}\right) = \left(\frac{\partial^2 H}{\partial S \partial P}\right) \tag{3.13}$$

が成り立つ．微分は順番を前後に入れ替えても変わらないので，

$$\left(\frac{\partial T}{\partial P}\right)_S = \left(\frac{\partial V}{\partial S}\right)_P \tag{3.14}$$

が得られる．これはマクスウェル（Maxwell）の関係式と呼ばれるものの一例である．この式は，特に実験との関連において重要である好例である．実際，高圧下の鉱物の熱物性実験に大きな寄与をしていることを指摘しよう．質量 M グラムの鉱物に断熱的に，つまり熱の出入りを断って，圧力 ΔP をかける．この際に，

温度の上昇 ΔT はどの程度であろうか．これは，大変に大がかりで難しい実験である．精度も上がりにくい．ところが，上の関係式を使うと，

$$\left(\frac{\Delta T}{\Delta P}\right)_S = \left(\frac{\Delta V}{\Delta S}\right)_P \tag{3.15}$$

である．まず，ΔS は $\Delta Q/T$ で書き換えられる．また，体積膨張係数が $\alpha=(1/V)(\Delta V/\Delta T)$，グラムあたりの定積比熱が $C_v=(\Delta Q/\Delta T)(1/M)$，密度 $\rho=M/V$ であることから，

$$\begin{aligned}\left(\frac{\Delta V}{\Delta S}\right)_P &= \frac{1}{V}\frac{\Delta V}{\Delta T}VT\frac{1}{\Delta Q/\Delta T} \\ &= \frac{1}{M/V}\alpha T\frac{1}{\Delta Q/\Delta T}\frac{1}{M} \\ &= \frac{1}{\rho}\alpha T\frac{1}{C_v}\end{aligned} \tag{3.16}$$

となって，理科年表[14]に載っている数表で求まってしまうことになる[*7]．

　この項の初めの式にもどろう．変数の新しい組み合わせとしては，(S,P) だけでなく，S の代わりに T を使ってもよいはずである．つまり，(T,V) および (T,P) も考えられる．これらの変換は，数学ではルジャンドル変換として知られている．そのような，新しい熱力学関数は，変数が T,V である関数はヘルムホルツ (Helmhotz) の自由エネルギー $F(T,V)$，変数が T,P である関数はギブス (Gibbs) の自由エネルギー $G(T,P)$ と呼ばれている[*8]．これら自由エネルギーの詳しい導入は 6.1 節で行う．また，マクスウェルの関係式についてもそこで再び触れる．

3.2.2　温度上昇によるエントロピーの増加の表現

　ここでは，変数として T,V,P ほどには，イメージをつかみにくいエントロピー S の本質についての理解をすすめよう．第 2 章で熱の流入 dQ による温度の上昇を，体積一定の場合，$dQ=C_v dT$ と記した．そこで，対応するエントロピーの増加は，

$$dS=\frac{C_v}{T}dT \tag{3.17}$$

となる．一般に体積一定のまま，系の温度が T_A から T_B まで上がった場合はこ

[*7]　この例は『統計熱物理学の基礎』[4]の章末問題 5.12 を参考にした．理科年表はひとつの例．
[*8]　Gibbs は分野によりギップズ，ギブズと呼ばれる場合があるが本書ではギブスを使う．

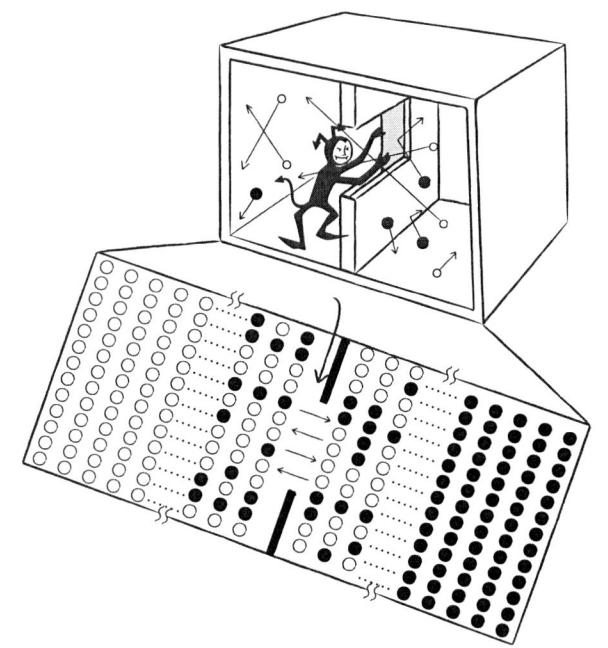

図 3.2 マクスウェルの悪魔はエントロピーを減少させるように動く？ ここでは黒丸が分子，白丸は空白と考える(上半部分は文献 1)により作成).

れを積分して，

$$S(T_\text{B}) - S(T_\text{A}) = \Delta S(\text{A} \rightarrow \text{B}) = \int_{T_\text{A}}^{T_\text{B}} \frac{C_\text{v}}{T} dT \tag{3.18}$$

が，エントロピー増加量となる．この式は，6.3 節で使うことになる．

3.2.3 マクスウェルの悪魔はいるか

さて，エントロピーを減少させる操作は存在する．境目にいて，片方にのみ 1 種類の分子を通すように孔の開閉をすればよいのだ．そこで，それをやる悪魔をおけばよいだろう[1]．図 3.2 を見てほしい．

ところが，この悪魔はミクロな存在としてはありえない．巧妙な装置をマクロに作ればよいが，それでは，他の部分のエントロピーを膨大に増大させてしまう[*9]．

---

*9) この点は，後で文化活動のところで論じる．

3.3 断熱変化で膨張して外部に仕事をするとは何か

ここまで,等温変化を考えてきた.つまり,外部からの熱の流入によってエントロピー増大を論じた.これに反し,この節では,系への熱の流れを断って,気体が膨張して外部に仕事をする場合を考えよう.いずれも,充分にゆっくり膨張させて,外部に仕事を取り出すことになる.図 3.3 を参照してほしい.この場合も,エントロピーという概念を使って説明することも出来る.ただ,それは,説明の一つであって,いろいろな筋書きが示せる.

a. 熱力学第 1 法則からの説明　気体は膨張によって,外部に仕事 W をするので,その分,内部エネルギーが減るのは当然である.内部エネルギーは温度で指定するので,温度が下がることになる.

b. 熱力学第 2 法則からの説明　膨張とは体積が増す.気体分子数は一定.だから場合の数(重率)という意味でエントロピーは増す.ところが,その分の熱は外部からはやってこない.そこで,系の運動エネルギーを減らして,それを補う.結果として,全エントロピーは不変で,温度が下がる.

c. 分子論的説明　壁にぶつかった分子は壁を押す分だけ,エネルギーを減らしてしまう.結果として,気体分子の平均運動エネルギーである温度は下がる.

いずれの場合も,外部への仕事という形でエネルギーが蓄えられている.そのため,この過程は,逆に動かすことも出来る.つまり,可逆な操作になっている.

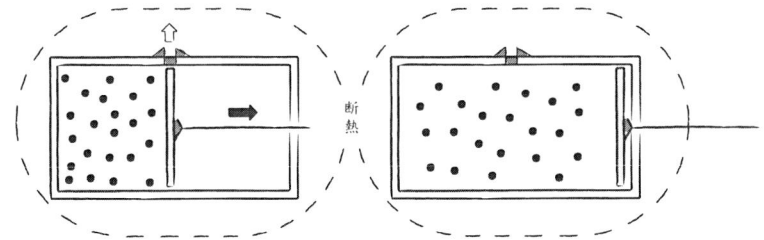

図 3.3　気体が断熱的に膨張して外部に仕事をする場合の模型.系は外部に関しては,断熱されていて,熱の出入りはない.まず,黒い矢印のようにピストンを準静的に動かして,外部に仕事をする場合を考える.温度が下がる.これをどう説明したらよいだろう.さらに,3.3.1 項では,上部に付けた仕組みによって白い矢印のように,ピストンを外して,仕切り板を素早く,抜き取るという自由膨張を考える.仮想的にはピストンが瞬時になくなったことを意味している.その場合は,何が起こるのだろう.

準静過程とは可逆な操作なのである．可逆であるということは，エントロピーは変わっていないことを意味する．

以上の3つの説明は，どれでも可能である．どれが正しくどれが間違いということはない[17]．われわれは，固定したモデルで現象を考えがちだが，自然はもっと自由なのである．

この課題は，あまりに当然と思えるであろう．第10章で論じる，溶液の浸透圧に関するファントホッフの法則の解釈のところで，モデル式と自然描像の関係の問題として，もっと意味を深めて扱いたい．

3.3.1 断熱変化で自由膨張

次に，可逆ではない過程を考えてみよう．図3.1において中央の仕切り板を，素早く，取り除く操作，あるいは栓をしておいて，その栓を抜くという装置を考えてもよい．この場合，ゆっくりとした変化はありえない．それが自由膨張である．自由な膨張の過程は，とても激しく，乱流のような状態である．図2.2で示したような，左半分から右半分への激しい流れが起こるであろう．もはや，均質系で定義される温度なんか決められない状況だ．しかし，その乱流は，激しい動きだが，外部に仕事として取り出すことなんかはとても不可能である．結局，乱流状態のエネルギーが，みるみるうちに（?），熱という漠然としたものに変わっていく．でも，断熱系なので，その熱は外に出られない．行き場のない「内部熱」は，結局，内部の自分の気体系の温度上昇に使われる．しかし，気体系は断熱膨張によって冷えることを約束されているはずだった．その冷え分が，「内部熱」に補われて温度は不変に保たれる．当然，可逆ではないので，エントロピーは増す．つまり，体積が増加したということがら（情報の変化）は残る[*10]．

次章ではいよいよ，カルノーサイクルを説明する．

[*10] このあたり，当たり前のこととあまりにあっさり記述されることが多いので，少し凝ってみました．

4. 外部からの熱によって動く熱機関
——カルノーサイクル

熱力学におけるモデルとして最も重要なものがカルノーサイクルである．このモデルはカルノーエンジンともいわれ，極めて理想化されたモデルである．そのためエンジンとしては実用的でないと同時に現実的でもない．あらゆる時間で準静過程が仮定されているからである．しかし，平衡状態での性質による理解が可能なため，熱力学の基礎概念を与えるものになっている．

4.1 準静的な4つのサイクル

カルノーサイクルは既によく知られている温度一定の過程，断熱過程の2種類の過程を組み合わせて(v, P)空間内でサイクルを作り，そのサイクルによって，外部へ仕事を永続的に取り出す装置を作るのである．ここで，サイクル全体で仕事を取り出せればよく，ある過程では一時的に仕事を外から加えてやってもよい．用意する熱溜は絶対温度T_hの高温源とT_ℓの低温源2つである．

図4.1 (a)(b) を見ながら次の文を読んでほしい．以下の4つの過程を考える．まず，膨張しきっていて，定温T_ℓの気体がある．d状態と呼ぶ．1モルとする．

① **d→a**　ピストンを押して外部から仕事をして，低温T_ℓでの等温圧縮をする．この過程では低温源へ廃熱をしているので気体系としてはエントロピーの減少が起こる．廃熱量を$-Q_\ell$とする．

$$-Q_l=\int_d^a P\,dv=RT_\ell\int_{v_d}^{v_a}\frac{1}{v}dv=RT_\ell\log\frac{v_a}{v_d} \quad \text{つまり}\quad Q_\ell=RT_\ell\log\frac{v_d}{v_a} \quad (4.1)$$

を得て，a状態に達する．

② **a→b**　a状態から，ピストンをさらに押して外部から仕事をして，断熱圧縮をする．これによって，温度がT_ℓからT_hへ上昇する．この過程では熱の出入りがないのでエントロピーは一定である．

$$T_\ell v_a^{\gamma-1}=T_h v_b^{\gamma-1} \quad (4.2)$$

その結果，高温T_hで収縮した状態であるb状態が出来る．

③ **b→c**　もはや気体はピストンを押し返そうとしている．そこで，押し返されるピストンを利用して外部へ仕事をさせて，高温T_hでの等温膨張をさせる．

4.1 準静的な4つのサイクル

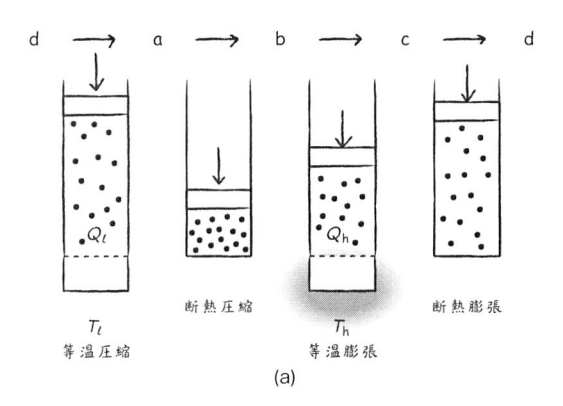

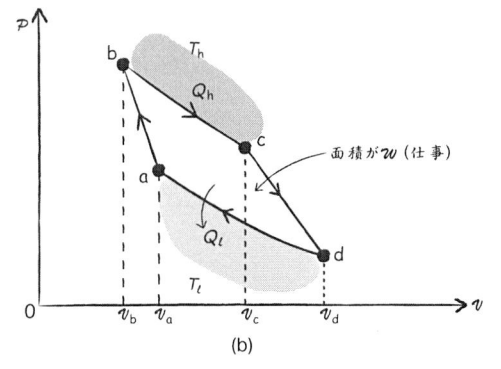

図 4.1 カルノーサイクル．(a) 横軸は媒体となる気体の体積 v, 縦軸は圧力 p. 4つの過程を時計回りに回る．(b) カルノーサイクルの各過程での動き．4つの過程でもとの状態に戻る．

この際は高温源に接しているので，高温源から熱が流入している．気体系はエントロピーの増大が起こっている．流入する熱量を Q_h とする．

$$+Q_h = \int_b^c P\,dv = RT_h \int_{v_b}^{v_c} \frac{1}{v} dv = RT_h \log \frac{v_c}{v_b} \tag{4.3}$$

④ c→d　さらに，押し返されるピストンを利用して外部へ仕事をさせて断熱膨張をさせる．この際，温度は T_h から T_ℓ へ低下する．ここでは，熱の出入りがないのでエントロピーは一定である．

$$T_h v_c^{\gamma-1} = T_\ell v_d^{\gamma-1} \tag{4.4}$$

これで，気体はものと d 状態にもどった．4つの過程を経ている．これをカルノーの4サイクルという．

ここで，仕事が体積 v の関数である圧力 $P(v)$ をある体積 v_i から v_j まで積分したものであることを考えると，一回のサイクルまわると，高温源から得た熱量

Q_h から系は仕事をし，その残りを低温源に Q_ℓ として渡していることがわかる．つまり，熱い気体を膨張させて外部に大きな仕事をさせて，外部からは冷えた気体を圧縮して比較的小さな仕事ですませているわけである．サイクル全体として，外部に（正味の）仕事を取り出している．

それでは低温源に渡す熱量 Q_ℓ をゼロにできれば全ての熱量を仕事に変えられることになる．それでも熱力学第 1 法則，即ち，エネルギーの量としての保存則は満たしている．はたして，これは可能であろうか．これがもし可能であれば大変に効率がよい．ここで効率 η を

$$\eta = \frac{\text{外部へした仕事}}{\text{高温源から得た熱量}} = \frac{Q_\mathrm{h} - Q_\ell}{Q_\mathrm{h}} = 1 - \frac{Q_\ell}{Q_\mathrm{h}} \tag{4.5}$$

と定義する．

この効率は，熱量比によっているが，実はこれは温度比でもある．

$$\frac{Q_\ell}{Q_\mathrm{h}} = \frac{T_\ell}{T_\mathrm{h}} \tag{4.6}$$

これは，以下のように導ける．断熱過程の 2 つの式から

$$\frac{v_\mathrm{a}}{v_\mathrm{b}} = \frac{v_\mathrm{d}}{v_\mathrm{c}} \tag{4.7}$$

であり，これは，

$$\frac{v_\mathrm{d}}{v_\mathrm{a}} = \frac{v_\mathrm{c}}{v_\mathrm{b}} \tag{4.8}$$

を意味している．そのため，2 つの等温過程での式 (4.1)，(4.3) の log のなかは同じになる．すなわち $Q_\ell/T_\ell = Q_\mathrm{h}/T_\mathrm{h}$ となり熱量比は温度比になっていることを意味し，式 (4.6) を得る．

効率は，用意する高温源の温度と低温源の温度で決まってしまい，エンジンの大きさなどに寄っていない．効率が一般的な量になっている．

4.2 カルノーサイクルより高い効率のサイクルはありえない

ここで，カルノーサイクルより高い効率のサイクルはありえないことを証明しよう．これは実は熱力学第 2 法則を意味している．カルノーサイクルは，あらゆる時間で熱平衡にあるという準静過程が仮定されているので，これを逆にまわすことが出来る．この場合は，外部から仕事をして，低温源から熱を取りだして，高温源に熱を与える「冷却器」になる．

4.2 カルノーサイクルより高い効率のサイクルはありえない

そこで，カルノーサイクルと逆まわしカルノーサイクルと併せて考えよう．図4.2を見てほしい．当然，両サイクルをひとまわりさせると，前者で得た仕事 w は後者で使われて，高温源，低温源，サイクルエンジンが全てもとにもどる．

次に，もしカルノーサイクルよりも効率のよいサイクル（超サイクル）があると仮定して，これでは矛盾があることを示そう．超サイクルは，高温源から得た熱量 Q_h のうちでカルノーサイクルよりも多く $Q_h - Q_\ell + \Delta w$ を仕事に変えることができるはずである．つまり，カルノーサイクルより少ない廃熱 $Q_\ell - \Delta Q$ をする装置である．これを使って，外部に出てきた仕事の一部 $Q_h - Q_\ell$ で逆まわしカルノーサイクルをまわすことにしよう．これによって矛盾が生じることがわかる．実際，両方のサイクルが終了した後，低温源の熱の一部 ΔQ が仕事 Δw に変わっていることがわかる．この際，他には何の変化もない．これは，明らかにありえない．もっというと，この仕事 Δw を熱に変えて高温源に与えると，全体としては低温源から自発的に熱 ΔQ が出てきて高温源に入るというありえない現象が起こってしまう．というわけで，カルノーサイクルよりも効率のよいサイクル（超サイクル）があると仮定したことはまちがいであった．（証明終わり）

それでは，なぜカルノーサイクルは効率が最もよいのか．それは，高温源から得たエントロピー Q_h/T_h と同じ量のエントロピー Q_ℓ/T_ℓ を低温源に与えていて，エントロピーが増加していないからである．一般には，必ずエントロピーの増加過程があるので，効率が悪くなってしまうのである．つまり，「カルノーサイクルは効率が最もよい」というのは熱力学第 2 法則を指しているのである．

証明 もし可逆的なサイクルより効率のよい超サイクルがあると仮定すると矛盾があることを示す．

$$\eta_{超} = \frac{w + \Delta w}{Q_1} = \frac{Q_h - (Q_\ell - \Delta Q)}{Q_1} > \eta_{カルノー} = \frac{Q_h - Q_\ell}{Q_h}$$

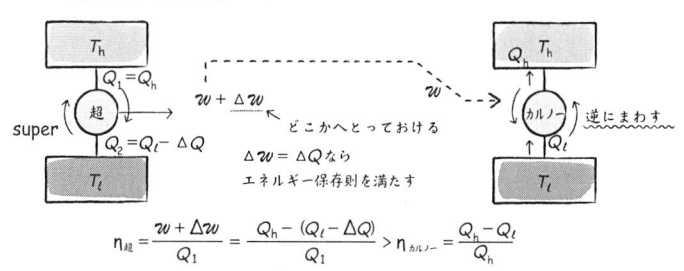

図 4.2 もしカルノーサイクルよりも効率の良いサイクル（超サイクル）があると仮定して，これでは矛盾があることを示そう．超サイクルと逆まわしカルノーサイクルを並べて前者で後者を動かそう．

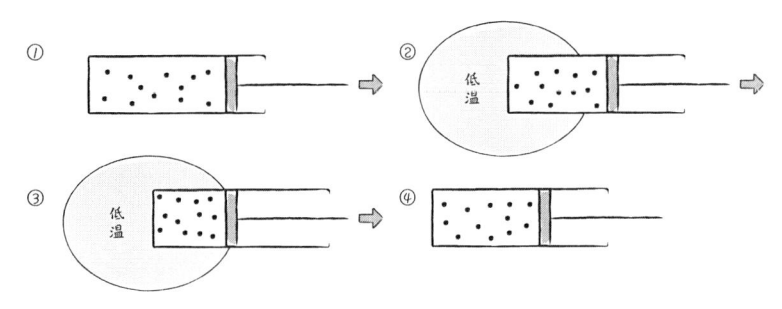

図4.3 冷却剤を使うエンジン（熱機関！）は可能だろうか？

4.2.1 冷たい熱機関はありうるか

以上から，高温源と低温源の温度差が重要であることが理解される．それでは，高温源に大気を使い，低温源にドライアイス-エタノール冷却剤（$-72°\text{C}=201\text{K}$）のような低温物質を使って，熱機関が作れるであろうか．図4.3に模式図を示す．

これは冷たいエンジンである．これまでの議論から，当然可能である．冷却剤を用いて，シリンダーを充分に冷やし気体を等温圧縮する．そして，断熱圧縮で大気の温度まであげ，あとは大気の温度下で等温膨張させ，次に断熱膨張で冷却剤の温度まで冷やすのである．これで，やはり外部に仕事を取り出すことができる．

さて，この場合仕事をしたのは何であろうか．気体がしたというよりも，大気がピストンを押したという方が適切である．これでは機械（内部気体）が仕事をしたとはいえないという疑問がわくであろう．気体は大気のエネルギーを持ち込む媒介物に過ぎないのであろうか．これは，大気という熱エネルギー系のなかに，低温部があったことが重要であり，そのエントロピーの低さこそが仕事をしたともいえる．もちろん，正統的なエネルギーの保存法則は成り立っており，エネルギーが仕事をしたという言い方も間違いではない．しかし，エントロピーの低さこそが仕事をしたという考えも正確な記述である[*1]．

結局，カルノーサイクルでは温度の変化を断熱過程で行っていて，温度差のある2つ系を直接接触させていない点に特徴がある．そのため，全体としてエントロピーの増加を防ぐことができるのである．

[*1] ここのところは，両方の説明が正しいのであって，どちらかが間違っているわけではない．私は「この解釈で考えます」というのはよいが，「だから他の解釈はまちがい」ということではない．

4.3 エントロピーは状態量である

さて，(v, p) 平面上の点の任意のプロセスにおけるエントロピーの変化量は，その両端の体積と圧力 $(v_P, p_P), (v_R, p_R)$ で書けることを示そう．これが証明されると，エントロピーはエネルギーと同じように，各点 (v_i, p_i) で定まる状態量であることがわかる．つまり，エントロピーはエネルギーと同じように，基本的な熱力学量なのである．熱量とか仕事は身近であるが，途中の過程によって異なるので，状態量ではないのである．

4.3.1 証明

この証明は図 4.4 のように，等温と断熱交互の過程組合せで記述できる．

等温過程として P(1)→1′,　　断熱過程として，1′→2
等温過程として 2→2′,　　　断熱過程として，2′→3
等温過程として 3→3′,　　　断熱過程として，3′→4
等温過程として 4→4′,　　　断熱過程として，4′→R(5)

を考える．いくら多くてもよいのであるが，ここでは 8 過程としておこう．

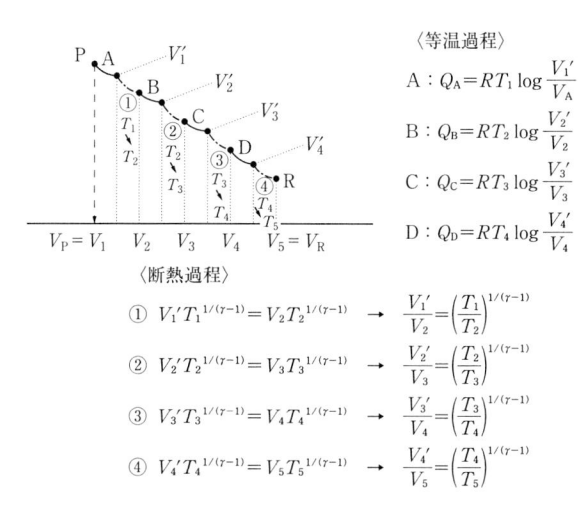

〈等温過程〉

A : $Q_A = RT_1 \log \dfrac{V_1'}{V_A}$

B : $Q_B = RT_2 \log \dfrac{V_2'}{V_2}$

C : $Q_C = RT_3 \log \dfrac{V_3'}{V_3}$

D : $Q_D = RT_4 \log \dfrac{V_4'}{V_4}$

〈断熱過程〉

① $V_1' T_1^{1/(\gamma-1)} = V_2 T_2^{1/(\gamma-1)}$ → $\dfrac{V_1'}{V_2} = \left(\dfrac{T_1}{T_2}\right)^{1/(\gamma-1)}$

② $V_2' T_2^{1/(\gamma-1)} = V_3 T_3^{1/(\gamma-1)}$ → $\dfrac{V_2'}{V_3} = \left(\dfrac{T_2}{T_3}\right)^{1/(\gamma-1)}$

③ $V_3' T_3^{1/(\gamma-1)} = V_4 T_4^{1/(\gamma-1)}$ → $\dfrac{V_3'}{V_4} = \left(\dfrac{T_3}{T_4}\right)^{1/(\gamma-1)}$

④ $V_4' T_4^{1/(\gamma-1)} = V_5 T_5^{1/(\gamma-1)}$ → $\dfrac{V_4'}{V_5} = \left(\dfrac{T_4}{T_5}\right)^{1/(\gamma-1)}$

図 4.4　P 点から R 点までの経路を 4 つの等温過程と 4 つの断熱過程に分解して，熱の出入り（エントロピーの変化量）を調べよう．等温過程では熱量を求め，断熱過程では体積変化を求める．それを組み合わせると，全エントロピー変化量が求まる．結果として，P 点と R 点の情報で記述出来る．

【問題 2】 ①等温過程で流入した熱量によるエントロピーの変化量を各体積で表示せよ．②断熱過程で $Tv^{\gamma-1}=\text{const}$ を用いて各体積比を温度比で記せ．③これらの結果から，エントロピー変化量 $S(\text{R})-S(\text{P})$ を $(v_\text{P}, p_\text{P}), (v_\text{R}, p_\text{R})$ で $R\log(v_\text{R}/v_\text{P})+\{R/(\gamma-1)\}\cdot\log(T_\text{R}/T_\text{P})$ と書けることを示せ．

以上から，エントロピー変化量が途中の経路にはよらないことがわかる．このような量を状態量という．つまり，熱量変化 ΔQ よりも $T\cdot\Delta S$ の方が基本的な記述である．実際，

$$dU = T\,dS + p\,dv \tag{4.9}$$

のことを，気体の基本方程式という．これは内部エネルギー U が変数として S と v で表されることを意味している．

この式の右辺の第 1 項は熱という複雑なものの流入をエントロピーという状態量で表記している．その係数（正確には共役な変数というべきか）が温度 T なのである．第 2 項は，力学で理解しやすく，測定もしやすい体積 v という量の変化であり，係数が圧力 P である．この 2 つの全く性質の異なるエネルギー変化の方法があり，それが内部エネルギー U を変化させている．

4.4　地球の表面で生きて文化的な活動をしているということ

さて，われわれが地球という星の表面で生きて文化的な活動をしているメカニズムを考えてみよう[*2]．

よく，太陽のエネルギーを得ているからという言い方があるが単純すぎるようである．太陽からもらうエネルギーを全て地球表面で蓄えてしまったら，温度はどんどん上昇して，太陽表面と同じ 5800 K になってしまう．そんなことが起きないのはなぜか．それは，冷え切った温度 3 K の宇宙空間に熱エネルギーを捨てているからである．太陽から得た熱エネルギーを全て捨てているので，地球の表面温度はほぼ一定なのである．

[*2] ここで述べることを文理融合時代の物理学入門として考えてみたい．文科系の文化と理科系の文化の乖離を嘆くことは新しい見解ではない．名著を探してもすぐ 20 世紀半ばにさかのぼる．例えば，C.P. Snow, "The Two Cultures," (Cambridge, 1964); 邦訳，『二つの文化と科学革命』（松井巻之助訳，みすず書房，1967）にも詳しい．物理学研究者でもあり作家でもあるスノーが 1959 年に行って反響を受けた講演に基づいている．文科系で活躍している方（文学的知識人）と自然科学者との間にある無理解あるいは無関心について書いてある．現代において，文理融合の試みはますます重要になっている．乖離を克復する試みがもっと評価されるべきだと思う．

では，われわれが太陽からもらって利用しているものは何だろう．それは，太陽表面 5800 K が発する光のエネルギーである．このエネルギーはあるエネルギー値 ΔE に対してエントロピー $\Delta E/5800$ という値である．他方，宇宙空間に廃熱する際には，エントロピーは $\Delta E/3$ という大きな値になっている．実に 1900 倍にも増大している．

現実には直接，宇宙空間に廃熱は出来ないので，大気温度 300 K を廃熱装置としよう．それでもエントロピーは $\Delta E/300$ であって，光としてもらったエントロピーを 19 倍にしている．このエネルギーを地表から宇宙空間へ放出する，廃熱の作業において，極小さな部分のエントロピー減少を取り出すのがわれわれ人類の文化活動である．例として世界最小の詩である俳句を吟じることを考えてみよう．

俳句は 48 文字から $5+7+5=17$ 文字を選び出す操作である（濁音などは無視する）．ともかく有限の順列数であって 48^{17} これは 3.8×10^{28} である．さて，このエントロピーは

$$S_{\text{haiku}} = k_B \log 48^{17} = 66 k_B \tag{4.10}$$

である．われわれが俳句を 1 つ作るとそれはエントロピーゼロなので，これだけのエントロピー減少を極部的に行っている．これは 91×10^{-23} J/K である．ここから，太陽表面からもらって大気に廃熱するエネルギー ΔE_{haiku} を求めてみよう．発生エントロピー量を求める式

$$\frac{\Delta E_{\text{haiku}}}{5800} = 91\times 10^{-19}\,[\text{J}] \tag{4.11}$$

から，$\Delta E_{\text{haiku}} = 2.8\times 10^{-19}$ J である[3]．

ともかく，人間の文化活動とは，太陽から受けるエントロピーの低い，質のよい光のエネルギーを使って，それを廃熱というエントロピーの高い，質の悪い形のエネルギーに変えて，大気へ放出して，最後に宇宙空間に出してしまうという，膨大なエントロピー増加過程によって，極めて限られた小さな部分のエントロピーを減少させて，価値ある情報を作り出すことである[4]．

---

[3] 実際は文字を選ぶという脳の働き，書き留める紙と鉛筆などに膨大なエネルギーを使い，膨大なエントロピーを増すことになる．これらをきちんと評価しないのは飛躍であるが，ここでは情報理論上の下限を論じてみた．

[4] 環境問題を志す方はこの基本的な太陽との関係に拘束された地球環境におけるエントロピーの構造を理解してほしい．例えば，「クリーンエネルギー」という言葉を使う場合は，是非とも，その「クリーンエネルギー」を得る際，および使う際に，周囲に膨大なエントロピーの増大を引き起こしていることを考えてほしい．これは「環境への負担」といわれている．

5. 希薄気体に関するマクスウェルの分子運動論

　ここで，気体を構成している，分子の運動を解析してみよう[3]．分子数が数個の場合は，ミクロな力学の問題としてダイナミクスを扱うべきであって，それが，理解において最良の方法である．しかし，分子数がアボガドロ数の大きさになるとそのような扱いは実質的に不可能である．むしろ，系全体のマクロな性質は，統計的な処理によって極めてよく解析できるという性質を使うべきである．それによって，逆に，温度という量の裏付けが出来ることを強調したい．

　もっと，具体的にいうと，気体が分子からできていること，その運動が完全に，等方的に分布していることを仮定すると，速さについてガウス型の分布が得られる．この分布と温度を等分配の法則で結びつけると，エネルギーに対してボルツマン型の分布と呼ばれている熱統計的分布が導かれる．

5.1　分子という描像の妥当性

　分子の大きさは 2 から 3 Å 程度である．次にドブローイ波長を求めてみよう．常温常圧とする．この値は 0.2 Å 程度である．つまり，波動的性格が現れる大きさより，分子の方が大きいので，質量を持った「粒子」という扱いが有効になっている．他方，分子の平均間隔は 34 Å 程度である．これは，分子の大きさの 10 倍以上もあるため，一つ一つの分子を統計的独立とみなす分子集団としての希薄気体の扱いが妥当性を持つわけである．

5.2　方向性のない運動

　方向と大きさを持ったベクトル量として速度 $\boldsymbol{v}$ を定義する．x, y, z の各方向の成分を u_x, u_y, u_z とする．また，$\boldsymbol{v}$ の大きさとしてスカラー量の速さ v を導入する．

$$v = \sqrt{u_x^2 + u_y^2 + u_z^2}$$

である．気体全体の重心は動いていないので，u_x, u_y, u_z の平均はゼロのはずである．ゼロを中心とした正負対称な分布となるであろう．u_x が u_x と $u_x + du_x$ の

5.2 方向性のない運動

間にある分布の割合を $f(u_x)\mathrm{d}u_x$ とおく．同様に，u_y が u_y と $u_y+\mathrm{d}u_y$ の間にある分布の割合を $f(u_y)\mathrm{d}u_y$ とおく．u_z が u_z と $u_z+\mathrm{d}u_z$ の間にある分布の割合を $f(u_z)\mathrm{d}u_z$ とおく．ところがこの積である $F(u_x,u_y,u_z)$ は

$$F(u_x,u_y,u_z)=f(u_x)f(u_y)f(u_z)=F(v) \tag{5.1}$$

のように方向によらず，単に速さ v の関数のはずである．この対数をとろう．

$$\log f(u_x)+\log f(u_y)+\log f(u_z)=\log F(v) \tag{5.2}$$

これを u_x, u_y, u_z で偏微分をとると，

$$\frac{u_x}{v}\cdot\frac{F'(v)}{F(v)}=\frac{f'(u_x)}{f(u_x)} \tag{5.3}$$

$$\frac{u_y}{v}\cdot\frac{F'(v)}{F(v)}=\frac{f'(u_y)}{f(u_y)} \tag{5.4}$$

$$\frac{u_z}{v}\cdot\frac{F'(v)}{F(v)}=\frac{f'(u_z)}{f(u_z)} \tag{5.5}$$

が得られる．ここで，$\partial v/\partial u_x=u_x/v$ などを用いた．これより

$$\frac{F'(v)}{vF(v)}=\frac{f'(u_x)}{u_xf(u_x)}=\frac{f'(u_y)}{u_yf(u_y)}=\frac{f'(u_z)}{u_zf(u_z)}=\text{一定} \tag{5.6}$$

そこで，この定数を $-2\mathrm{A}$ とおく．定数に -2 という係数をつけたのは，後で形をきれいにするためだけの意味である．これから，それぞれは

$$f'(u_x)=-2\mathrm{A}u_xf(u_x),\quad f'(u_y)=-2\mathrm{A}u_yf(u_y),\quad f'(u_z)=-2\mathrm{A}u_zf(u_z) \tag{5.7}$$

となる．これらの微分方程式の解は

$$f(u_x)=\mathrm{B}\exp(-\mathrm{A}u_x^2),\quad f(u_y)=\mathrm{B}\exp(-\mathrm{A}u_y^2),\quad f(u_z)=\mathrm{B}\exp(-\mathrm{A}u_z^2) \tag{5.8}$$

である．予想したとおり，$\boldsymbol{v}=(u_x,u_y,u_z)$ の平均はゼロとなっていて，ゼロを中心とした正負対称な分布である．この B はガウス積分 $\int_{-\infty}^{+\infty}f(u_x)\mathrm{d}u_x=1$ から，$\sqrt{\mathrm{A}/\pi}$ と求まる．ここで，ガウス積分公式

$$\int_{-\infty}^{+\infty}\exp(-\mathrm{A}t^2)\mathrm{d}t=\sqrt{\frac{\pi}{\mathrm{A}}} \tag{5.9}$$

を用いた．これを使って，u_x^2 の平均 $\overline{u_x^2}$ を求めると，

$$\overline{u_x^2}=\int_{-\infty}^{+\infty}u_x^2 f(u_x)\mathrm{d}u_x=\frac{1}{2\mathrm{A}} \tag{5.10}$$

ここで，積分公式

$$\int_{-\infty}^{+\infty}t^2\exp(-\mathrm{A}t^2)\mathrm{d}t=\frac{1}{2}\sqrt{\frac{\pi}{\mathrm{A}^3}} \tag{5.11}$$

を用いた[*1]．

5.3 状態方程式との比較

理想気体の熱力学より，単原子気体1モルの気体の内部エネルギーUは温度Tに比例する量であって$U=(3/2)RT$と記されることを既に学んだ．ここで，Rは気体定数である．気体定数Rはボルツマン定数k_Bにアボガドロ数N_aをかけたものである．こで，これは，

$$\frac{1}{2}m\overline{u_x^2}=\frac{1}{2}k_B T \tag{5.12}$$

を意味する．これは1つの自由度へエネルギー$(1/2)k_B T$が分配されるという，いわゆるエネルギー等分配の法則である．この比較議論から，定数Aが$A=m/(2k_B T)$であることがわかる．以上の議論はu_y, u_zに対しても同様に成り立つので，以下の重要な式，マクスウェル分布の式が導かれる．

$$F(u_x, u_y, u_z)=\left(\sqrt{\frac{m}{2\pi k_B T}}\right)^3 \exp\left\{-\frac{m}{2k_B T}(u_x^2+u_y^2+u_z^2)\right\} \tag{5.13}$$

ガウス分布の標準形は統計学でよく知られている．1つの次元について，図5.1に描いておく．ここで，1分子の運動エネルギー$\varepsilon=(m/2)(u_x^2+u_y^2+u_z^2)$を考

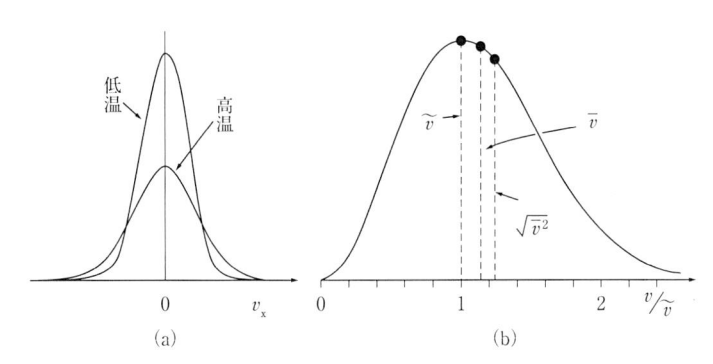

図5.1 (a) 速度のx成分v_xの分布．統計学の基礎としてのガウス分布の標準形をしているが，分布幅が温度に比例しているので，低温では幅が狭く，高温では幅の広い分布になっている．高温になるということは，速い分子の割合が増えることであって，遅い分子がなくなるわけではない．(b) 速度の大きさである速さに関する分布．ゼロから立ち上がり，速い方に裾を引いている．ピークを与える速さの値$\tilde{v}$，速さの平均$\bar{v}$，速度の2乗平均v_rmsを比べてある．この順で大きくなっている．

---

*1) ここでの扱いは，分子衝突の効果が入っていない．ただし，それを取り込んでもここでの結果は正しい．この章の説明に関する参考文献は國友正和『基礎熱力学』[3]である．

えると

$$F(u_x, u_y, u_z) = \left(\sqrt{\frac{m}{2\pi k_B T}}\right)^3 \exp\left\{-\frac{\varepsilon}{k_B T}\right\} \tag{5.14}$$

が得られる．

5.3.1 ボルツマン因子

この exp の因子は，熱的なエネルギーに対する運動エネルギーの比をとって，マイナスの符号を付け，指数関数の肩に乗せたものであって，無次元量である．一般にあるエネルギー値を分子にとって，これを温度という熱エネルギー $k_B T$ で割って，符号を変えて，指数関数の肩に乗せたものをボルツマン因子という．統計力学では，よく使われる重要な，正の無次元量（比）である．

この気体が，重力や遠心力などの外力の場において，平衡状態にある際には，その外力に作る位置エネルギー $U(x, y, z)$ についてもボルツマン分布があてはまる．詳しい議論は熱統計物理学に基づくことになるが，それによる分布 $n(x, y, z)$ が

$$n(x, y, z) = n_0 \exp\{-U(x, y, z)/k_B T\} \tag{5.15}$$

と書けることは容易に予想できる．これは，第 11 章の化学反応で述べる，アレニウスの方法でも扱う．

5.3.2 温度とは何か

対象となるエネルギー準位が，低い値から高い値まで，いろいろに分布している際に，どの程度のエネルギー値の準位まで，実際に励起されているかを与える目安が，ボルツマン因子に現れる $k_B T$ （温度）であるともいえる．この考え方を，推し進め，ボルツマン因子を，「あるエネルギー値 ΔE を持つポテンシャル障壁を熱運動によって飛び越えられる確率」と考えることも出来る．化学反応論では，ΔE を，活性化エネルギーと呼ぶ[*2]．

[*2] 以上の議論から，符号がマイナスの温度の意味がわかる．エネルギー的に低い準位における分布の方が，エネルギー的に高い準位での分布よりも大きくなった状況である．これは，励起状態への強い励起が熱とは別の方法で（例えば光で）与えられれば，作ることは可能である．しかし，対象とされる系が，周囲との相互作用を持つ限り，そのような状況は不安定であろう．レーザー発信の直前の状況など，負の温度という表現が妥当なものは作り出されている．

5.4 いろいろな平均

ここで，エネルギー等分配の法則から平均エネルギー $\bar{\varepsilon}$ は
$$\bar{\varepsilon}=(m/2)\overline{v^2}=(3/2)k_\mathrm{B}T \tag{5.16}$$
であるので，速さの自乗の平均の平方根をとった，root mean squre (rms) v_rms は
$$v_\mathrm{rms}=\sqrt{\overline{v^2}}=\sqrt{3}\sqrt{k_\mathrm{B}T/m} \tag{5.17}$$
となる．図 5.1 (b) を見てほしい．

5.4.1 スカラー量としての「速さ」の分布

ここで，$\boldsymbol{v}$ の大きさとしてスカラー量である速さ v の分布，すなわち，速さが v と $v+\mathrm{d}v$ の間にある割合 $F(v)$ を求めてみる．速度の方向については，速度空間で半径 v の球面の上で厚み $\mathrm{d}v$ を持つ球殻で和をとることになるので，3重積分のうち2重積分は実行されて，$4\pi v^2$ をかけたものになる．
$$F(v)\mathrm{d}v=4\pi\left(\sqrt{\frac{m}{2\pi k_\mathrm{B}T}}\right)^3 v^2 \exp\left(-\frac{mv^2}{2k_\mathrm{B}T}\right)\mathrm{d}v \tag{5.18}$$
もちろん，これは規格化されていて，v について 0 から ∞ まで積分をとると 1 になる．この分布 $F(v)$ は v の小さな方で急激に立ち上がり，v の大きな方に裾をひいている．このことは，極大を与える v よりも平均 $\bar{v}$ が大きい方へずれることを意味している．

5.4.2 分布の極大を与える速さ

この $F(v)$ はある v で極大を持っている．その v を $\tilde{v}$ とおく．これは $\mathrm{d}F(v)/\mathrm{d}v=0$ を満たす v であって，$\tilde{v}=\sqrt{2}\sqrt{k_\mathrm{B}T/m}$ である．

5.4.3 速さの平均

さて，$F(v)$ を用いて速さ v の平均 $\bar{v}$ を求めておこう．
$$\bar{v}=\int_0^\infty F(v)v\,\mathrm{d}v=4\pi\left(\sqrt{\frac{m}{2\pi k_\mathrm{B}T}}\right)^3 \int_0^\infty v^3 \exp\left(\frac{-mv^2}{2k_\mathrm{B}T}\right)\mathrm{d}v \tag{5.19}$$
これは，$\bar{v}=\sqrt{8/\pi}\sqrt{k_\mathrm{B}T/m}$ となる．

ここで得た速さの次元を持つ3つの量は重要である．当然，大きさの順は，

$\tilde{v}, \overline{v}, v_\text{rms}$ となっている．それらの比は

$$\tilde{v} : \overline{v} : v_\text{rms} = \sqrt{2} : \sqrt{8/\pi} : \sqrt{3} = 1 : 1.128 : 1.224 \qquad (5.20)$$

である．図 5.1 (b) を見て確認してほしい．なお，現実の空気では，常温常圧で，$\sqrt{k_\text{B}T/m}$ は約 300 m/sec である[*3)]．そこで，$\tilde{v}, \overline{v}, v_\text{rms}$ という「速さ」は 400 から 500 m/sec である．

この $\sqrt{k_\text{B}T/m}$ という量を使うと，同温同圧のもとで，気体が流れ出る速さはその分子量の平方根に逆比例することがわかる．つまり，1 という種類の分子の速さ v_1 と 2 という分子の速さ v_2 の比から m_1 と m_2 の比が

$$\frac{v_1}{v_2} = \sqrt{\frac{m_2}{m_1}} \qquad (5.21)$$

としてわかる．これはグラハム（Graham）の法則と呼ばれている．

5.4.4 エネルギーの分布

5.4.1 項で求めた速さの分布をエネルギーの分布，すなわち，運動エネルギー E が E と $E+\text{d}E$ の間の値を持つ割合 $\mathcal{F}(E)\text{d}E$ を求めておこう．使うのは，

$$E = \frac{mv^2}{2} \quad \text{すなわち} \quad v = \sqrt{2E/m}, \quad \text{d}E = mv\,\text{d}v \qquad (5.22)$$

である．これらから，

$$\mathcal{F}(E)\text{d}E = 2\pi \left(\sqrt{\frac{1}{\pi k_\text{B}T}}\right)^3 \sqrt{E} \exp\left(-\frac{E}{k_\text{B}T}\right) \text{d}E \qquad (5.23)$$

が求まる．これは，$E=0$ では 0 であり，$E=k_\text{B}T/2$ で極大を持ち，$E\to\infty$ で 0 になる分布である．

グラハムの法則およびこの性質は，実験的には，かなり以前（19 世紀前半）に見つかった法則であるが，第 11 章の化学反応論において，反応空間で分子が巡り会う「頻度因子」の問題でも扱うことになる．「伝統ある古い理論」であるが，「使われなくなった理論」ではない．

[*3)] これが音速に近いことは偶然ではない．空気という媒質が疎密波という変化でエネルギーを運ぶのが音波なので，構成している分子の速さが，音波の伝わる速さの限界なのある．実際，断熱圧縮過程での波動形成の考えから，断熱圧縮率 κ が $1/(\gamma P)$ と書けることを通じて，音速が $\sqrt{\gamma k_\text{B}T/m}$ になることが示せる．ここで，γ は第 2 章で紹介した比熱比である．例えば，小野 周・小出昭一郎『演習熱力学』[16)] に詳しい．

5.4.5 気体分子運動論における温度の意味

　温度を，気体分子運動論の言葉でいうと次のようになる．低い温度では，動きの遅い分子ばかりであることは事実であるが，高い温度になっても，遅い分子は相対的には沢山いるのである．ただし，分布が高エネルギーの方まで広がるために，動きの速い分子の比率が大きくなってくるのである．速さの分布という立場からいうと，T が上昇すると，分布の幅が $\sqrt{k_\mathrm{B}T/m}$ で増すために，速さのゆらぎが大きくなったのである．温度 T の持つこの本質を出来るだけ早い段階で，示すために，本書では，通常の熱力学のテキストでは，最終章あたりに書かれることの多い，マクスウェルの分子運動論を，全体の前半の位置に持ってきたのである．温度 T に関するこの性質を踏まえて，次の章からの温度 T を人間が制御する変数として扱う形式に進みたいというのが動機である[*4)]．

6. 熱力学の展開 —— 1成分系

 ここまで来ると，熱力学の対象は変数 T, S, P, V で記述される関数で記述されることが推測される．純理論的には5次元の超空間で，超熱力学関数を T, S, P, V を座標軸とする4次元超平面の上に描くという方法もある．しかし，物理学は実験科学である．既に3.2節で述べたように，内部エネルギー $U(S, V)$ は S, V が変数であるが，これに限ることはない．このなかの2つの変数を選び出して，熱力学関数というものを定義して，実験条件に応じて使うことが出来るのである．この場合，エントロピー S を制御というのは，熱量を制御することであって，一般には難しい．また，一定の体積を保った実験というのも，系を丈夫な容器で被う必要があり，実験には，危険性など，いろいろな困難さを伴いやすい．多くの場合，温度 T と，圧力 P を制御して実験は行われているのである．ただし，体積の増加を無視できるような系（固体の場合の多く）では，体積 v を制御しているとみなすことも行われている．例えば，固体では定積比熱 C_v の代わりに定圧比熱 C_p を使って議論する場合がある．

6.1 新しい熱力学関数への変換方法

 3.2節で既に述べたが，エンタルピー H を $U+PV$ で定義すると，その変分 dH は $T\,dS+V\,dP$ と記せる．H は S, P を変数とする関数である．
 さて，この熱力学関数 $H(S, P)$ の意味を述べよう．定圧下での熱流入による変化は系の H の変化となっていることを示すことが出来る．例えば，試験管で液体を暖める場合，大気圧下で，体積膨張がおこる．そこで，与えられた熱は，その液体の内部エネルギーを増すことと，体積増の際の仕事に使われる．つまり，暖めた熱は溶液のエンタルピー増加になったのである．
 ヘルムホルツの自由エネルギー F を $U-T\cdot S$ で定義すると，その変分 dF が内部エネルギー U の変化 $dU=T\,dS-P\,dV$ で書けることから，

$$dF = dU - T\,dS - S\,dT = -S\,dT - P\,dV \tag{6.1}$$

と表せる．

定温で，定体積の系では，F が最小（極小）になるような状態が実現する．絶対零度の系では，力学（ニュートン力学）なので，当然，系のエネルギー U が最小（極小）になるような状態が実現する．しかし，有限温度では F なのである．つまり，この場合「自由」とは，有限温度において，使うことのできる，という意味で「自由」なのである．このような系の実現については，次項で説明する．

さらに，ギブスの自由エネルギー G を $U-TS+PV=F+PV=H-TS$ で定義すると，その変分 dG が

$$dG = dU - T\,dS - S\,dT + P\,dV + V\,dP = -S\,dT + V\,dP \tag{6.2}$$

と記せることも容易にわかる．

定温で，定圧力の系では，G が最小（極小）になるような状態が実現する．これについては次項で説明する．なお，化学の本の多く，生物学の本のほとんどでは，ギブスの自由エネルギー G が使われている．定圧（多くは大気圧）での変化を扱う場合が圧倒的に多いからである．ある圧力 P，ある温度 T で，系がどのような相を持つか，という問題は，まさに，$G(P, T)$ が重要である．その場合 P, T がともに示強的な変数であることも本質的な役割をする．それが，熱力学関数のなかで，$G(P, T)$ が特権的な立場にある理由ともいえる．後の章でその点を論じる．

6.2 平衡状態の条件—自由エネルギー F, G の便利さ

図 6.1 のように，熱溜に接している容器の中にある気体 A を考える．温度は熱溜からの熱の出入りによって一定値 T に保たれている．今，平衡状態は，もちろん全系のエントロピー S の極大で実現されるが，これは同時に，気体系で定義されたヘルムホルツの自由エネルギー F の極小でもあることを示そう．全エントロピーの増加分 ΔS_t は熱溜のエントロピーの変化分（減少分）$\Delta S^{(R)}$ と気体系 A のエントロピー増加分 ΔS_A の和である．他方，熱溜から気体部へ流入す

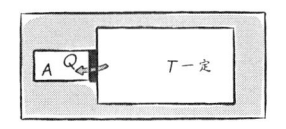

図 6.1 全系のエントロピー極大が着目している小さな系 A のヘルムホルツの自由エネルギーの極小で表される．その原理の模式図．

る熱 Q は気体の内部エネルギー増加 ΔU_A に使われる．この Q が熱溜にとっては $T \times [-\Delta S^{(R)}]$ である．そのため，

$$\Delta S_t = \Delta S_A - \frac{Q}{T} = \Delta S_A - \frac{\Delta U_A}{T} = \frac{-\Delta U_A + T\Delta S_A}{T} \tag{6.3}$$

となっている．ここで，分子は

$$F_A = U_A - TS_A \tag{6.4}$$

で定義されたヘルムホルツの自由エネルギーの定温定積下での変化分

$$\Delta F_A = \Delta U_A - T\Delta S_A \tag{6.5}$$

の符号を変えたものになっている．つまり，ΔS_t の極大が，ΔF_A の極小に対応している．以上によって，全系という大きな系のエントロピーという得難い量ではなく，単に気体系 A のヘルムホルツの自由エネルギーという小さな系の量で，平衡状態がわかることになった．

上の考え方を，ギブスの自由エネルギー極小の議論に拡張するのは容易である．今，図 6.2 のように，熱溜に接しつつ，ピストンの付いたシリンダーの中にある気体 A を考える．温度は熱溜によって一定値 T に保たれると同時に，圧力 P もピストンによって外界の圧力 P に保たれている．そこでは，平衡状態は，全系のエントロピーの極大で実現されるが，これは同時に，気体系で定義されたギブスの自由エネルギーの極小でもあることがわかる．全エントロピー増 ΔS_t は熱溜のエントロピー変化量 $\Delta S^{(R)}$ と気体系 A のエントロピー増 ΔS_A である．熱溜から気体部へ流入する熱 Q は，今度は，気体の内部エネルギー増加 ΔU_A と気体が体積増 ΔV_A によってなす仕事 $P\Delta V_A$ の両方に使われる．この Q/T が $-\Delta S^{(R)}$ である．そのため，

$$\Delta S_t = \Delta S_A - \frac{\Delta U_A + P\Delta V_A}{T} = \frac{T\Delta S_A - (\Delta U_A + P\Delta V_A)}{T} \tag{6.6}$$

となっている．ここで，分子は

$$G_A = U_A - TS_A + PV_A \tag{6.7}$$

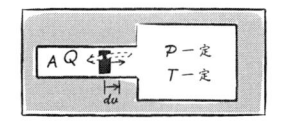

図 6.2 全系のエントロピー極大が系 A のギブス自由エネルギーの極小で表される．黒いピストンは動く．

で定義されたギブスの自由エネルギーの定温定圧下での増分

$$\Delta G_A = \Delta U_A - T\Delta S_A + P\Delta V_A \tag{6.8}$$

になっている．つまり，今度は，ΔS_l の極大が，ΔG_A の極小に対応している．

　化学，生物の本で自由エネルギーといったらギブスの自由エネルギー G のことである．例えば，化学，生物ハンドブックにある「標準自由エネルギー変化」の表というものもこれである．

6.3　マクスウェルの関係式

　こんなに沢山の熱力学関数 $U(S,V), H(S,P), F(T,V), G(T,P)$ を作ってしまったので，「いわずもがな」で成立する関係式が極めて沢山ある．それらをまとめてマクスウエルの関係式という．その一例を 3.2 節で論じた．

　以下に内部エネルギー $U(S,V)$ の微分において，変数 U, V での順番を入れ替えても同じという条件から出てくるものとして，

$$\left(\frac{\partial T}{\partial V}\right)_S = -\left(\frac{\partial P}{\partial S}\right)_V \tag{6.9}$$

がある．同じように，$F(T,V)$ の微分について，変数 T, V の順番を入れ替えても同じという条件から，

$$\left(\frac{\partial S}{\partial V}\right)_T = \left(\frac{\partial P}{\partial T}\right)_V \tag{6.10}$$

がある．さらに，$G(T,P)$ から

$$-\left(\frac{\partial S}{\partial P}\right)_T = \left(\frac{\partial V}{\partial T}\right)_P \tag{6.11}$$

がある[*1]．第3章で，測定が困難な量が一般的に知られている量で置き換えられるという例を出した．便利な関係式であることを強調したが，決して近似式ではないことに注意してほしい．これらの関係式は熱力学の構成から必然的に現れたものなので，近似表現ではなく，（熱力学に基づく限り）本質的に同じであることが裏付けられている関係である．

---

　*1)　数学的にまとめたい方へ．これらはヤコビの行列式を使って $\partial(T,S)/\partial(P,V)=1$ と表示できる．

6.4 混合のエントロピー

ここで,混合という操作をエントロピーという観点からまとめておこう[20)22)].
体積 V の容器の中ほどに仕切り板を置き,体積を V_A と V_B に分ける.図 6.3 を見てほしい.左側半分に A 分子を N_A 個,右側半分に B 分子を N_B 個つめる. 今,$N_A/V_A=N_B/V_B$ として,両側の密度を等しくしておく.そのため圧力 P も, 左右で等しい.次に仕切り板を取り外す.A 分子 B 分子は混ざり合って,容器全体に行き渡るであろう.しかし,分子密度は変わらないので,圧力は P のままである.この操作によって,エントロピーはどのくらい増加するであろうか.

A 分子と B 分子を区別する限りにおいて,

$$\Delta S = k_B \left\{ N_A \log \frac{V}{V_A} + N_B \log \frac{V}{V_B} = N_A \log \frac{N_A+N_B}{N_A} + N_B \log \frac{N_A+N_B}{N_B} \right\} \quad (6.12)$$

となる.これを混合エントロピー (entropy of mixing) という.必ず正である. つまり,しきいがないと 2 種の分子は自然に混合してしまう.

ここで,扱っている A, B 分子系にはどのような近似が使われているのだろうかを指摘しておこう.気体と考えると理想気体近似ではある.しかし,この考え方は 2 成分溶液にも使える.混合において,A 分子が特にとなりが A 分子であるとか B 分子であるとかにかかわらず分布すること,B 分子も特にとなりが B 分子であるとか A 分子であるとかにかかわらず分布することが重要である.隣りに配置された時のエネルギーを AA 間で ε_{AA},BB 間で ε_{BB},AB 間で ε_{AB} と記すと,

$$\varepsilon_{AB} = \frac{\varepsilon_{AA}+\varepsilon_{BB}}{2} \quad (6.13)$$

となっている場合である.これを理想混合という.ここで,モル分率 x_A, x_B を

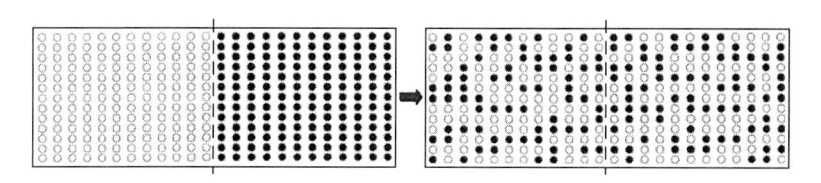

図 6.3 混合によってエントロピーが増大することを示す模式図.中央破線は仕切り板.

$$\frac{N_A}{N_A+N_B}=x_A, \qquad \frac{N_B}{N_A+N_B}=x_B \qquad (6.14)$$

とおくと，式 (6.12) は

$$\Delta S = -k_B N(x_A \log x_A + x_B \log x_B) \qquad (6.15)$$

と記せる．ここで，全モル数 N_A+N_B を N とおいた．右辺にマイナス符号がつくが，正の量であることに注意しよう．理想混合のエントロピーは第9章で扱う．

【問題3】 混合エントロピーの話をすると，必ず次のような質問を受けます．「もし，AとかBとかの区別をしなかったら，エントロピーは変わらないはずですね．区別するかどうかの意志で，エントロピーの値が変わるのですか．」答えを考えてください[*2]．

6.5 エントロピーを発生させないで暖めることは可能か

結局，カルノーサイクルでは温度の変化を断熱過程で行い，温度差のある2つ系を直接接触させていない点に特徴がある．つまり，全ての過程を可逆過程に扱っているため，全体としてエントロピーの増加を防ぐことができるのである．

それでは，温度差のある熱源の与え方でエントロピーの発生量はどう異なるのであろうか．使う概念と式は，既に，3.2節で与えられている．すなわち，一般に体積一定のまま，系の温度が T_A から T_B まで上がった場合は

$$S(T_B)-S(T_A)=\Delta S(A \to B)=\int_{T_A}^{T_B} \frac{C_v}{T} dT \qquad (6.16)$$

が，エントロピー増加量となる．という表現である．この式で，考えている温度の範囲で，比熱 C_v が温度によらないで一定の場合（理想気体はあてはまる）

$$S(T_B)-S(T_A)=\Delta S(A \to B)=C_v \int_{T_A}^{T_B} \frac{1}{T} dT = C_v \log \frac{T_B}{T_A} \qquad (6.17)$$

となることに注意しよう．また，系が，液体から気体に変わる温度（沸点という）であるというような事情で，系の温度が一定のまま，熱量だけが吸収される場合は，積分も不要となって，

$$S(T_B)-S(T_A)=\Delta S(A \to B)=\frac{C_v}{T} \qquad (6.18)$$

[*2] 解答例：AとBを区別するような実験をすればこの混合のエントロピーは増しているのがわかる．抽象的な質問には具体例で示すのがよいだろう．第9章の浸透圧の実験で，片方の分子のみ通過するような膜を使うこと自体が粒子を区別しているのである．逆に区別しない（出来ない）実験ではそんなエントロピー効果はそもそも観測出来ない．

6.5 エントロピーを発生させないで暖めることは可能か

で表せる．この場合，熱量はもっぱら，液体から気体へ変化することに使われていて，温度上昇には使われていない．そこで，この時に吸収される熱量を「表に現れない熱」として潜熱と呼んでいる．第10章の相図のところで詳しく論じることになる．

6.5.1 例題：水をお湯に暖めよう

0℃の水1kgを100℃にする方法を考えよう．温度を1℃上げるのに1000 cal＝4190 Jの熱量が必要であるが，それを100℃の熱溜1つで与えると，水のエントロピー増加は

$$\int_{273}^{373} \frac{4.19 \times 10^3}{T} dT = 4190 \times \log\frac{373}{273} = +1310\,[\text{J/deg}] \qquad (6.19)$$

となる．他方，熱溜は温度が100℃に保たれているので，エントロピー変化は

$$-\frac{4.19 \times 10^3 \times (373-273)}{373} = -1120\,[\text{J/deg}] \qquad (6.20)$$

となってのエントロピーは減少する．両者をあわせると，+190 J/degとなる．エントロピーはこれだけ増加してしまう．

そこで，途中で50℃の熱溜も用意してそれぞれから500 calずつの熱量を与えると水が熱量を得ることによるエントロピー増は式 (6.19) と同じだが，熱溜2つは

$$-\frac{4.19 \times 10^3 \times (323-273)}{323} - \frac{4.19 \times 10^3 \times (373-323)}{373}\,[\text{J/deg}] \qquad (6.21)$$

となって，全部で -1188 J/deg のエントロピー変化となる．そのため全体では +122 J/deg のエントロピー増加となる．エントロピー増加は 68 J/cal だけ減ってしまった．

それでは，このようにいろいろな温度の多くの熱溜を用意すると，エントロピー増加はゼロになるのであろうか．熱溜の数を N として 100℃と0℃の間を N 等分する．初めの熱溜は0℃よりわずかに高温で，N 番目の熱溜は100℃である．1つの熱溜から熱を出すプロセスにおける温度差は $100/N$ であり，その1つの熱溜から出る熱量は $4.19 \times 10^3 \times (100/N)$ J なので，N 個の熱溜からでるエントロピーは全部で

$$-4.19 \times 10^3 \times \sum_{r=1}^{N} \frac{100/N}{273+(100r/N)}$$

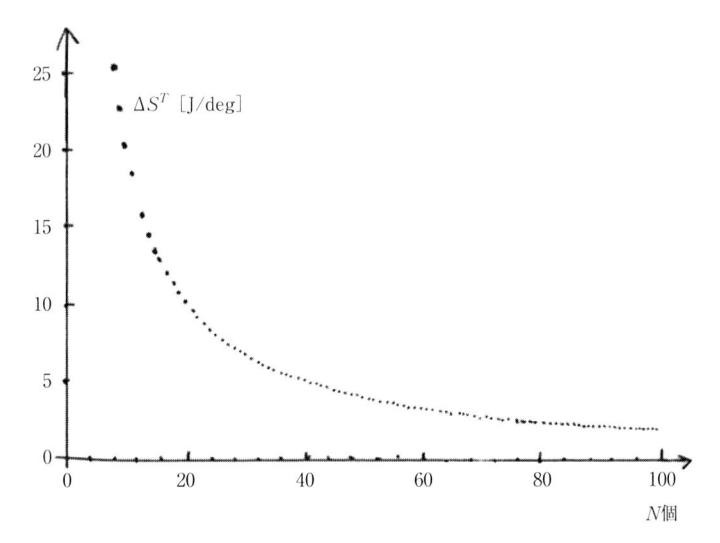

図 6.4 全エントロピーの発生量を用意した熱溜の数 N の関数として示した．横軸は N が 1 から 100 までである．$N=1000$ では 0.205715 J/deg となる．これは 0.1 度の温度間隔で熱溜を用意することになる．

$$= -4.19 \times 10^3 \times \sum_{r=1}^{N} \frac{1}{(273N/100)+r} \, [\text{J/deg}] \quad (6.22)$$

となる．水の得るエントロピーである式 (6.19) は変らないので，それを加えると

$$4.19 \times 10^3 \times \left\{ \log \frac{373}{273} - \sum_{r=1}^{N} \frac{1}{(273N/100)+r} \right\} [\text{J/deg}] \quad (6.23)$$

となる．この関数を図 6.4 に表す．

以上より，熱エネルギー ΔQ を少しずつ熱溜から水へ移動してゆくわけである．その際，温度差のわずかに異なる熱溜 j を $T_l+\Delta T, T_l+2\Delta T, T_l+3\Delta T,$ $\cdots, T_l+j\Delta T, \cdots$ というように無限に沢山用意して熱溜へ少しずつ熱エネルギーを出してゆくと，（つまり $\Delta T \to 0$ にすると）水の得たエントロピーが，熱溜全体で失ったエントロピーと同じになり全体として，「エントロピー発生がゼロに出来る」というようにいわれることが多いがこれでは不正確である．これこそ，次のように数学の解析学でやったイプシロン-デルタ $(\varepsilon-\delta)$ 論法でいうべきであろう．図 6.5 を見てほしい．

どんな小さなエントロピー量 ε_S に対してもそれよりも小さなエントロピー発生量にするような各熱溜の温度差 δT がありうる．つまり，用意する熱溜の総数

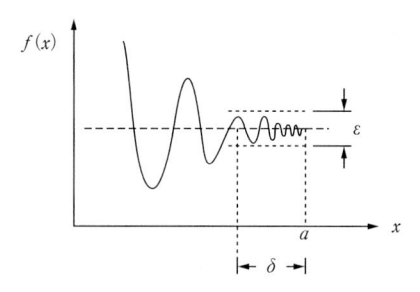

6.5 エントロピーを発生させないで暖めることは可能か　　　51

図 6.5 関数 $f(x)$ が $x=a$ に近づくと $f(a)$ に収束するかを解析数学で考える．任意の（any）微小量 ε に対して，ある（some）値 δ があるという論理

N が決めうるというわけである[*3,4]．

6.5.2 数学的補足—極限操作

関数の極限は，数学の初等的な解説では

「変数 x が限りなく，1つの値 a に近づく時，$f(x)$ もまた限りなく $f(a)$ に近づくならば $f(x)$ の極限は $f(a)$ である．」

という明快な定義である．しかし，さらに勉強が進むと，いわゆる $\varepsilon-\delta$ 論法となる[11]．つまり，

「ある任意の正の微小量 ε が与えられた時，それに対応して正の量 δ をとって，$f(x)-f(a)$ の絶対値を ε より小さくするような $x-a$ の絶対値の上限が決められる．」

というものである．この定義はとかく物理学の世界では「抽象的」と考えられ，わかりにくいと思われている[*5]．しかし，この例題のように，「判定する」という行為をはっきりさせる上で重要であり，実は大変実用的なのである．

[*3] もちろん，そのような沢山の熱溜を用意して，注意深く系と接触させていくという過程で，人間のような知的存在が，その周囲のエントロピーを極めて大きく増大させてしまっている．

[*4] この基礎的な例からもわかるように，極限の取り方は物理学の本質的な問いかけでもある．そして，それは物理学によって何を理解しようとしているのかという問題とも結びついている．

[*5] 参考文献は例えば，高木貞治『解析概論（改訂三版）』[11]．

7. 分子の数量（モル）が示す効果
——1成分系への化学ポテンシャルの導入

分子の数量が分子の種類によらずに一般的に示す効果である「束一性」を説明しよう．それと関連づけて，化学ポテンシャルという大切な概念を導入しよう[20-24]．普通，この概念は，多成分系において，紹介されることが多いが，ここでは，丁寧に1成分系から入る．そのため，議論に重複が多くなることをお断りしておく[*1]．

7.1 開かれた系

今まで，特に指摘してこなかったが，熱力学の関係式は閉じた系だけでなく，各種の分子が出入りする，開いた系でも論じることが出来る．それには，そのように自由に分子の出し入れを可能にする，粒子溜が存在すればよい．電解質に電位を与える，電池などは，その例である．電子を系に与える，または取り出す働きをしている．その能力を定めるものが電圧であった．電荷を持たないものについても，そのような粒子を押しつける，あるいは引き出す能力が定義できる．それは，粒子1つの移動に伴うエネルギーとして与えられる，化学ポテンシャル μ である．

以上の議論から，開いた系でのギブスの自由エネルギー $G(T, P)$ の変化 dG は，

[*1] 1成分系による説明は，類書では，ほとんど見られない．特に，物理学のテキストでは，おそらくない．高校に入学してすぐ，化学を習った．4月，モルの概念で苦労した．モルの概念の理解は大切ということで「ある原子をアボガドロ数個集めると，それは原子の質量数にグラムを付けた量になる．それがポイントだ．気体でも，液体でも同じだ．」というように教えてもらった（という印象を持ってしまった）．しかし，それではこの概念はメートル法に縛られてしまう．大切な概念が，メートル法を採用するかどうかでちがうのだろうか，と考えて，私は「迷路」に入り込んでしまった．やっとそのような読替のルールが原子の種類によらずに成り立つという「数の効果」の普遍性こそが，肝心であるということに気がついた時には，初夏になっていた．モルは，読替の単位に過ぎないが，それが広く使えるのは，原子数という個数で支配される現象が多く，それの理解こそ，共通認識としての「化学」の中核をなしているのだ．さらには，「数の効果」が，原子-分子というもの，気体-液体の相という概念を導入して，明快になってきた．先生には，化学の授業の冒頭でそれを言ってから「アボガドロ数を覚えろ」と指導してほしかった．そういう思いが，本章を書いた動機である．なお，これは，束一性（colligative）という言葉で表現されている．これらの問題を扱う，共通の概念として，化学ポテンシャル（普通 μ と表記する）が極めて重要であることも，ここで述べておきたい．

$$dG = -S\,dT + V\,dP + \mu\,dN \tag{7.1}$$

と表せる．

7.2 部分モル量

　一般に，ある示量的量 X の 1 モルあたりの量 X/n を部分モル量という（n はモル数）．内部エネルギーについては，部分モル内部エネルギー，エンタルピーについては，部分モルエンタルピー，体積については，部分モル体積という名前がついている．ただし，これらは 1 成分系については，単なる基本単位を読み替えた以上の意味はない．2 成分系については，成分間の相互作用を含んだ重要な量である．2 成分系については第 9 章で論じる．

　ここでは，特にギブスの自由エネルギーの部分モル量について述べ，それとヘルムホルツの自由エネルギーの部分モル数との関係を明らかにする．

　ギブスの自由エネルギー $G(T,P)$ の部分モル量を $g(T,P)$ と書こう．また，化学ポテンシャル μ は，前節の説明からある単位の粒子数を系に加える際に，$G(T,P)$ がどのくらい変わるかの変化率

$$\mu = \left|\frac{dG}{dN}\right|_{T,P} \tag{7.2}$$

で定義される．温度 T と圧力 P が一定での N に対する G の変化率である．単位の粒子数の単位は何でもいいので，モルでもよい．そこで，1 成分系では，化学ポテンシャル μ とはギブスの自由エネルギーの部分モル量である．すなわち，

$$\mu = g(T,P) \tag{7.3}$$

が成り立つ．定圧が条件なので，1 モルの増加によって，その分の体積は自動的に系に追加される．圧力が同じ追加用容器を系につけて静かに仕切りを開けるという操作をすることになる[*2)]．

　第 8 章の電解質電池で指摘するが，各電極とその周囲の各溶液の電気化学ポテンシャルが重要な量で，それが，電極間の電気化学ポテンシャルの差が起電力 $\widetilde{V}$（発生電圧）である．電荷（実際は電子）を押しつけたり，奪い取ったりする「電気的な作用をも取り込んだ化学ポテンシャル」というわけである．

　というわけで，定温定圧下での化学ポテンシャル $\mu(T,P)$ がギブスの自由エネ

[*2)]　念のためいうと，1 成分系だからこんなに簡単なのである．2 成分系については，第 10 章を見てほしい．

ルギーの部分モル量 $g(T, P)$ としてきれいに書けた.

この，定温定圧下での化学ポテンシャルは定温定積下でのヘルムホルツの自由エネルギー $F(T, V)$ が 1 モルの増加によって，どのくらい増すかという量にも等しく，

$$\mu = \left[\frac{dF}{dN}\right]_{T,V} \tag{7.4}$$

と書ける．これを示そう．まず，

$$\mu_f = \left[\frac{dF}{dN}\right]_{T,V} \tag{7.5}$$

を定義しよう．ところが，$F(T, V)$ の変数 V は n に依存するので，

$$dF(T, V) = \mu_f + dV\left(\frac{\partial F}{\partial V}\right)_T \tag{7.6}$$

となる（これはオイラーの式でもある）．この第 2 項はもちろん圧力 P の符号を変えたもの $-P$ なので，

$$dF(T, V) = \mu_f - PdV \tag{7.7}$$

ということになる．ところが，$G = F + PV$ だったので，

$$G(T, P) = \mu_f \cdot n \tag{7.8}$$

となっている．結局，μ_f は μ と同じものだった．

ただし，この F を使った μ の表式は，今度は，実験的にかなり不自然なものである．なぜなら，1 モルの増加があっても系の体積 V は不変である．そのため，系のなかに，巧みに粒子を追加させないと，この状況は作れない．まるで，生まれ出すように追加させるのである．しかもそれは，準静的に充分ゆっくりとなされなければならない．

というわけで，これは，当然のことながら，一定にするものが異なる，定温定圧下での，ヘルムホルツの自由エネルギーの部分モル量 $f(T, V)$ とは，異なる．こういう事情で，化学ポテンシャルの議論において，ヘルムホルツの自由エネルギーやその部分モル量 $f(T, V)$ は使いにくい，というより使うメリットがない．

ギブスの自由エネルギー $G(T, P)$ では，変数の T と P が示強的であって，系の量を示すものではない．そのため，μ の定義が，そのまま，$G(T, P) = ng(T, P) = n\mu$ を与える．ここで，n はモル数である[*3)25)26)].

くどいが，繰り返そう．系全体を一意的に代表して表現する熱力学関数として，

[*3)] もちろんある単位の量であればよく，モルというのはメートル法を引きずる歴史的経過の結果に過ぎない．

$G(T,P), g(T,P), \mu(T,P)$ は特権的な地位にあるといえる．他方，ヘルムホルツの自由エネルギー $F(T,V)$ の部分モル量 f にはそのような制約はない．体積 V という示量的な値が変数になっている．だから，系のいろいろな場所によって PV という形態を使って異なっていてもよい．例えば，系の「表面」と「内部」で違ってもよい．その例は，第12章の表面張力の章で論じよう[*4]．

7.3　ギブス-デュエムの法則—1成分系の場合

　ここで，化学ポテンシャルと深い関係のある，熱化学を代表する恒等関係式，ギブス-デュエム（Gibbs-Duhem）の法則を紹介しておこう．
　系は外界と粒子のやりとりをしている．そのような開いた系において，ギブス-デュエムの法則は，
$$S\,dT - V\,dP + N\,d\mu = 0 \tag{7.9}$$
という関係式で表せる（N はモル数）．
　これは，示強変数 T, P, μ の間にある関係で，これらは自由には与えられず，拘束されていることを意味している．ここで，外部から操作して変化させるのは，一般には示量変数 S, V, N である．なお，エントロピーを変化させることは，実験的には，熱量 Q を出入りさせることを意味している．
　この関係式を証明をしよう．ギブスの自由エネルギー G は温度 T，圧力 P，分子数 N の関数であるが，このなかで示量的な量は各 N なので，系の大きさを α 倍すると，
$$G(T, P, \alpha N) = \alpha G(T, P, N) \tag{7.10}$$
である．ここで，新しい変数 u として $u = \alpha N$ を導入する．上記の G の式の両辺を N を一定にしておいて，α で微分する．
$$\left(\frac{\partial G}{\partial \alpha}\right)_{T,P} = G \tag{7.11}$$
ここで，左辺に合成関数の微分の公式を使って
$$\left(\frac{\partial u}{\partial \alpha}\right) \cdot \left(\frac{\partial G}{\partial u}\right)_{T,P} = G \tag{7.12}$$
と記す．ところが，この左辺の $(\partial u/\partial \alpha)$ は，N である．また，α は任意の値をとれるので1におくと，

[*4]　「くどすぎる」と感じる読者がいるとすれば，本書の目的が達せられたと喜ぶべきであろう．

$$N\left(\frac{\partial G}{\partial N}\right)_{T,P}=G \tag{7.13}$$

が得られる．ところが，前項で与えたように，

$$\left(\frac{\partial G}{\partial N}\right)_{T,P}=\mu$$

なので，

$$G=N\mu \tag{7.14}$$

すなわち，

$$dG=Nd\mu+\mu dN \tag{7.15}$$

である．他方，この章の初めの節で述べたように，

$$dG=-S\,dT+V\,dP+\mu\,dN \tag{7.16}$$

なので，これら2つのdGの表現を合わせると，証明すべき式

$$S\,dT-V\,dP+N\,d\mu=0 \tag{7.17}$$

が得られる．なお，ギブス-デュエムの式の両辺をNで割って，モルあたりのエントロピーをs，モルあたりの体積をvと書くと，

$$d\mu=-s\,dT+v\,dP \tag{7.18}$$

が得られる．これもよく使われる式である．

 さて，1成分系では，要するに，粒子の流入に伴って，その粒子が持ち込む自由エネルギーを記述しているに過ぎない．後で述べる多成分系の場合とは全く別概念といっていいほど，単純な事実を表しているだけの式である．1成分系では，化学ポテンシャルμとは，単に「その際の粒子単位量（モル）あたりのギブスの自由エネルギー$g(T,P)$」を示しているだけといえる．ここで，モルというのも，単に「単位」をいっているだけである．粒子の持ち込みに伴う，ギブスの自由エネルギーの増加である化学ポテンシャルμはある単位の量のギブスの自由エネルギーに相応するという当たり前の記述に過ぎない[*5]．

7.4 相平衡―クラペイロン-クラウジウスの関係式

 分子のマクロな集団は，1成分系であっても相（phase）と呼ばれる，状態の変化を示す．相内では物質は均質となっている．均質という意味は，正確には，示強的な量T, Pを与えると相内が一意的な量である$g(T,P)$で決まっている，

[*5] これに対して第10章で扱う多成分系では，もっと深い意味が加わる．

という意味である.

これには,通常,固相(solid),液相(liquid),気相(gas)の3相がある.この順に,秩序をなくして,分子(粒子)はバラバラになっていく.

7.4.1 固相と液相の違いの一般論

さて,分子が空間をどのように占有するかという観点から,固相と液相の違いを考えてみよう.図7.1を見てほしい.

N個の分子が体積Vを占めているとしよう.固相では,V/Nという局所に分子が閉じ込められている.すると,エントロピーは,

$$S_{\text{solid}} = k_B \log\left(\frac{V}{N}\right)^N = k_B(N \log V - N \log N) \tag{7.19}$$

である.これに対して液相では,どの分子も体積V全体を占めうる.しかしながら,今度は,そのために,分子が識別出来ないという量子力学的要請を入れなければならない(固相では,異なる分子は位置が違うので,その必要はない).というわけで液相のエントロピーは

$$S_{\text{liquid}} = k_B \log\left(\frac{V^N}{N!}\right) = k_B(N \log V - \log N!) \tag{7.20}$$

となる.ここで,スターリング公式

$$\log N! = N \log N - N \tag{7.21}$$

を使う.この式を導いておこう.Nが大きいときは,

$$\log N! = \log 1 + \log 2 + \cdots + \log N \tag{7.22}$$

であるが,これは定積分で置き換えられて,

$$\log N! = \int_0^N \log x \, dx = [x \log x - x]_0^N = N \log N - N \tag{7.23}$$

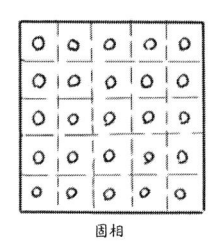

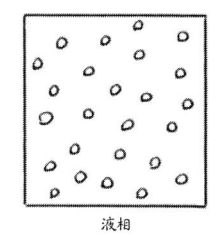

図7.1 固体は結晶になっていて分子は自分の領域を動けない.他方,液体は分子は全体を動き回れるが,そのため識別不可能による補正を受ける.これをエントロピー計算に反映させてみよう.

が得られる．スターリング公式によって，S_liquid について

$$S_\text{liquid}=k_\text{B}(N\log V-N\log N+N) \tag{7.24}$$

を得る．結局，液相のエントロピーと固相のエントロピーの差は，$k_\text{B}N$ となる．これは1モルあたりのエントロピーの差が気体定数 R になることを示している．これは 2.1 cal/deg であるが，鉛（1.90），亜鉛（2.56），鉄（1.99），銀（2.17）などが驚くべき一致をしている．簡単な考察で，このように広く当てはまることは，この考え方の普遍性を示している．固体の比熱はどんなものでも，$3R$ に近いことが知られており，液体はこれに，自由運動で2自由度分の寄与が含まれることを示している．これは，リチャーズ（Richards）の理論として知られており，このエントロピー差は「アイリングの共有エントロピー」と呼ばれている[*6)]．

7.4.2 相から相への転移

このように，固相から液相，固相から気相，液相から気相では，エントロピーのマクロな（分子数 N の大きさを持った）増大が起こる．つまり，熱量が吸収される．その熱量は，秩序の破壊にのみ使われるので，熱が流入しているのに，系の温度は一定に保たれる．そこで，このような相転移に伴って吸収される熱を潜熱（latent heat）という．具体的には，それぞれ，固相から液相については，融解熱，固相から気相に関しては昇華熱，液相から気相では気化熱と呼ばれている．一定に保たれている温度にも，融解点，凝固点，沸点などの名前がついている．ただし，高温高圧（高密度）では，液相と気相の区別がなくなる．つまり，液相と気相を分ける線が消滅している．これを臨界点と呼んでいる．固相と液相に関して，超高圧下で，区別がなくなるような臨界点があるかどうかは，未だ，不明といっていい研究段階である[*7)]．

また，3つの相が共存している点も (T,P) 平面に1点だけある．これを3重点という．

7.4.3 相平衡

1成分が2相を持ちえて，温度 T と圧力 P が定められた系を考えよう．相の

[*6)] 液相での扱いは単純すぎて，実験との一致は「出来過ぎ」という感じもする．分子間相互作用によって，ある程度局所的になっていると思われる．一致は偶然かもしれない[19)]．しかし，神は教育的な「はからい」をしたものだ．

[*7)] これが，「解明されていない」ことを明記してあるテキストは極めて少ない．解明されていることだけを書くという方が普通だからである．

7.4 相平衡

代表として，$\mathcal{G}, \mathcal{L}$ という添え字を使おう（ギブスの自由エネルギー G と区別するため）．

　もし，2つの相が同時に存在して平衡状態になっていると，両方の相で，温度と圧力は等しくなっている．さらには，両者のモルあたりのギブスの自由エネルギー $g(T, P)$ が等しくなっていることはすぐに示せる．というのは，もし，$g_\mathcal{G}$ と $g_\mathcal{L}$ が異なると，系は全自由エネルギーを低くするため，自由エネルギーの低い相へどんどん変化してしまう．そのため全体としては1相のみとなってしまう．つまり，2相が共存出来なくなる．そこで，1成分系における相平衡状態とは，1モルあたりのギブスの自由エネルギーが各相（solid, liquid, gas）で等しいことが条件になっている．これは，1成分系では1モルあたりのギブスの自由エネルギーがそのまま化学ポテンシャルに対応するので，各相の化学ポテンシャルが等しい，つまり，

$$\mu_\mathcal{G}(T, P) = \mu_\mathcal{L}(T, P) \tag{7.25}$$

ということを表している．

　ここで，2相を横切る際にその体積変化，相変化に伴う潜熱と圧力の温度に対する勾配（微係数）dP/dT には一定の関係式がある．

　実際，この式は，前節で求めた1モルあたりのギブス-デュエムの式を2つの相 $(\mathcal{G}, \mathcal{L})$ に適用して，その2つの化学ポテンシャルが等しいことから次のように導ける[*7]．μ は P を通しても T に寄っているので

$$\frac{d\mu}{dT} = \frac{\partial \mu}{\partial T} + \frac{\partial \mu}{\partial P}\frac{\partial P}{\partial T} \tag{7.26}$$

より，

$$\frac{\partial \mu_\mathcal{G}}{\partial T} + \frac{\partial \mu_\mathcal{G}}{\partial P}\frac{dP}{dT} = \frac{\partial \mu_\mathcal{L}}{\partial T} + \frac{\partial \mu_\mathcal{L}}{\partial P}\frac{dP}{dT} \tag{7.27}$$

となる．ここで，ギブス-デュエムの式 (7.18) は

$$d\mu = -s\, dT + v\, dp \tag{7.28}$$

なので，それを使うと，

$$\frac{\partial \mu}{\partial T} = -s, \quad \frac{\partial \mu}{\partial P} = v \tag{7.29}$$

なので，これを $\mathcal{G}$ および $\mathcal{L}$ 相に適用すると

[*7] これは，ギブス-デュエムの式が，変数の間の関係を与えているため，当然なことであるが，なぜか，クラペイロン-クラウジウスの関係とギブス-デュエムの式の関係には触れずに，別々のもの（公式）としていることが多い．

$$\frac{dP}{dT} = \frac{s_\mathcal{G} - s_\mathcal{L}}{v_\mathcal{G} - v_\mathcal{L}} \tag{7.30}$$

が得られる．ここで，$s_\mathcal{G} - s_\mathcal{L}$ は相変化をする際のエントロピー変化量である．ところが，相変化中は温度 T は一定であり，潜熱 q_lat が流入することになる．そこで，エントロピー変化量は容易く q_lat/T で求まる．結局，

$$\frac{dP}{dT} = \frac{\Delta s}{\Delta v} = \frac{q_\text{lat}}{T\,\Delta v} \tag{7.31}$$

というクライペロン-クラウジウスの関係式が得られる．$v_\mathcal{G} - v_\mathcal{L}$ は相変化に伴う1モルあたりの体積変化なので Δv と表されている．この式も，第10章で多用することになる．

7.4.4 相平衡曲線

ここで，二酸化炭素の相平衡曲線を図7.2に示す．固相と液相の間にある平衡曲線を融解線，液相と気相の間にある線を気化線，固相と気相の間にある線を昇華線と呼んでいる．気化線は臨界点 T_c という点で消える．3本の平衡曲線が交わる点がこの節のはじめで説明した3重点である[28)29)]．

さて，二酸化炭素では，曲線の傾きはすべて正である．融解，昇華，気化ともに，潜熱を吸収し，体積は増加する．一方，水では固体（氷，ice）から液相（Liquid，

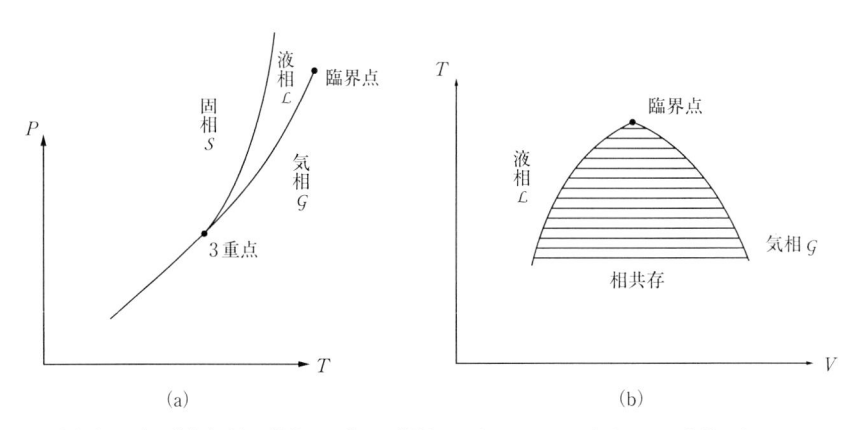

図7.2 (a) 相図（二酸化炭素）．横軸は圧力 P，縦軸は温度 T である．ともに示強変数である．S は固相，$\mathcal{L}$ は液相，$\mathcal{G}$ は気相を示し，それらの境目の線が，2相共存曲線（すなわち相転移曲線）である．線の交点は3重点で，この点では3相が共存する．液相と気相の区別は臨界点でなくなる．(b) 相図を横軸を体積 V，縦軸を温度 T として表したもの．示量変数である体積が不定となる領域が相共存をしめす．ここで，系は温度一定，圧力一定のまま，収縮あるいは，膨張をする．相が2つあるのでそれが可能になっている．

water) への共存曲線の勾配

$$\frac{dP}{dT} = \frac{\Delta S}{\Delta V} = \frac{q_{\text{lat}}}{T \Delta V} \tag{7.32}$$

が負になっている．ここで，$\Delta V = v_{\text{liquid}} - v_{\text{solid}}$ に対応している．潜熱 q_{lat} は融解熱と呼ばれるものである．もちろん，水であっても固体（氷）から液相になるには，融解熱を吸収するので，正である．ところが，勾配が負なので，おかしい．実は，体積変化 ΔV が通常の物質と逆で，液体から固体になると体積が増しているのである．これは水（液体）の特殊性，氷の構造の特殊性のためである．ここで，第2章の図2.3を見てほしい．氷はダイヤモンド構造としては密度の低い構造である．それに対して，水は105度の角度で折れ曲がっている分子がうまく入り組んで，密度の高い構造を作っている．詳しくは第13章の図13.3で論じるが「氷を水に入れると浮く」というのは「異常なこと」なのである[*8]．

また，相図を見てみよう．氷に圧力をかけると溶けて水になることを示している．これも特異的な特徴である[*9]．

7.4.5 相共存線の表記[27)28)]

前項では，相平衡曲線を (T, P) 平面に表した．そのため，2相の共存は線（曲線）によって記述されている．実際にこの共存線を横切る際には，相の変化によって示量的変数である体積 V は大きく変わる．その相変化中は，2相の化学ポテンシャルが等しい（$\mu_g = \mu_x$）ので，2相はどのような比でも取りうる．そのため体積はどのような値も取れる．そこで，相共存状態を (T, V) 平面で表記すると図7.3のようになる．

(P, T) 平面で共存「線」になった部分が，共存「面」になる．ハッチングした部分が，2相共存を示している．ある一定の温度でこの領域に達すると，体積は V_1 から V_2 まで取れる．実際は，潜熱を出しつつ，膨張したり，潜熱を奪いつ

[*8)] このような氷の比重が水の比重より小さいという特異な性質は，私たちの地球の表面の環境に大きな影響を与えている．曇りの天候によって，水の一部が冷えて氷になっても，それは水の表面に浮くので，晴れた時に太陽の光を受けやすい．だから，溶ける機会も大きい．この点が，気温の安定性をもたらしている．氷が水より比重が大きくて，出来た端から，水の底にどんどん溜まってしまったら大変だ．

[*9)] だから，氷河が発達して大きくなると，地面と接している部分の圧力が増す．そのため，溶け出す．すると，溶けた水のため滑りやすくなる．氷河は必然的に流れ出す．氷河が大きく成長したまま，山肌に凍りついて離れないということにはならない．これも，気候の安定化と，水の地球規模の循環に貢献している．環境問題とも密接に関係している．

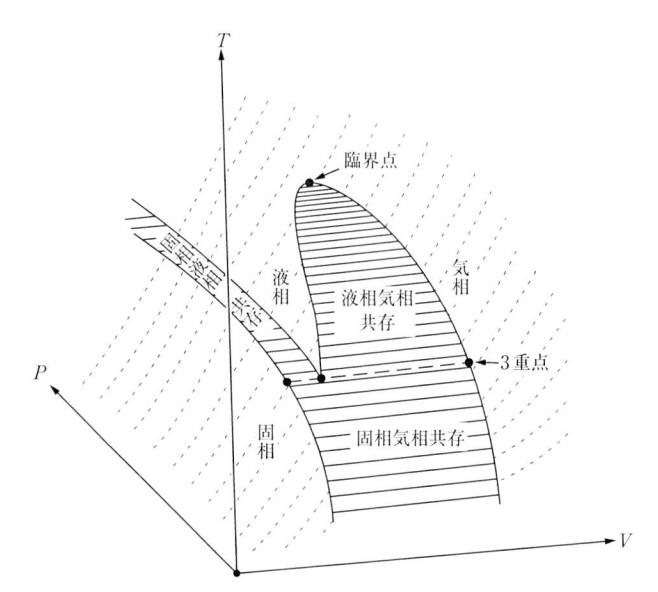

62   7. 分子の数量（モル）が示す効果——1成分系への化学ポテンシャルの導入

図 7.3 相図を 3 次元的に表記した．x 軸は体積 V，y 軸は圧力 P，z 軸は温度 T である．温度一定で体積が変化している面の領域が相共存を示す．液相気相共存面は温度軸の方向へ高く登っている．他方，固相液相共存面は，高くは登れない．なお，3 相が共存する，3 重点は「線」となっている．

つ収縮して，相転移を起こしている．なお，この領域は臨界点 P_c でなくなる．

3 次元の概念図 7.3 に全体像を描く．x 軸（左右方向）が V，y 軸（奥行き）が P，z 軸（高さ）が T である．ここでは，気相液相共存領域で臨界点付近だけでなく，固相と気相の平衡曲線，および固相と液相の平衡曲線あたりも描いた．2 相の共存領域が面で表されている．この面の上は温度が一定であり，体積はある範囲内で任意の値をとれる．また，固相，液相，気相の 3 相が共存した 3 重点はこの立体図では，線として表記されている．「3 重線」と呼ぶべきである[*10]．

この立体図とそこから 2 つの自由度を取り出して，平面 (P, T) にしたものを通常相平衡の図と呼んでいる．(V, T) では体積が一定温度で変化する様子が線としてよくわかる．それが，(P, T) 平面では点になっている．また，(V, P) は立体図を上から眺めた図である．この図は，外部にする仕事を面積として把握しやすい．そこで，次小節では，この図 (V, P) から，気化液化によるサイクルエン

[*10] さらに 3 相共存の状態を面で表すには，2 つ示量変数で作る相図を作ればよい．実際，エネルギー U，体積 V の平面では三角形の面となる．参考文献，清水 明『熱力学の基礎』[27] では横軸 U/N，縦軸 V/N としてある．

ジンを作って,逆にクラペイロン–クラウジウスの関係式を導出してみよう.

7.4.6 気化液化サイクルエンジンからのクラペイロン–クラウジウスの関係式の導出

ここで,(V, P) 平面の気相液相共存曲線から,あるサイクルエンジンを設計して,その仕組みがクラペイロン–クラウジウスの関係式そのものになることを示すことは,極めて教育的であろう.図 7.4 を見てほしい.温度 T の液体が共存領域に突入して,気化を始めた.圧力一定で体積が増えている.

当然,温度 T の高温源という熱溜から熱量が流入して気化熱として使われる.図の右への進行である.流入する熱量を $Q(T)$ とする.それが,全て気体になったところで,熱の出入りを断って,断熱的に気体を膨張させてわずかに低い温度 $T-\Delta T$ にする.この気体を温度 $T-\Delta T$ の低温源あるいは冷却器という熱溜に接しさせる.次に,その温度 $T-\Delta T$ のまま,気体は液化を始める.図での左へ進む.流出する熱量を $Q(T-\Delta T)$ とする.そして,すべてが液体になったところで,液体を断熱的に膨張させて高温 T にする.そこで,再び温度 T の高温源に接しさせて,気化を始める.ひとまわりのサイクルにおいて,熱量の差は

$$Q(T) - Q(T-\Delta T) = \frac{dQ}{dT}\Delta T \tag{7.33}$$

であるが,これは温度差が小さいと $(Q/T)\Delta T$ と近似できる.他方,この 1 サイクルで外部にする仕事は図の四角い部分の面積なので,$\Delta P \Delta V = \Delta P(V_g - V_\ell)$ と書ける.ここで,カルノーサイクルを仮定すると,他に熱が流出するところはないので,これを等しいとおくと,

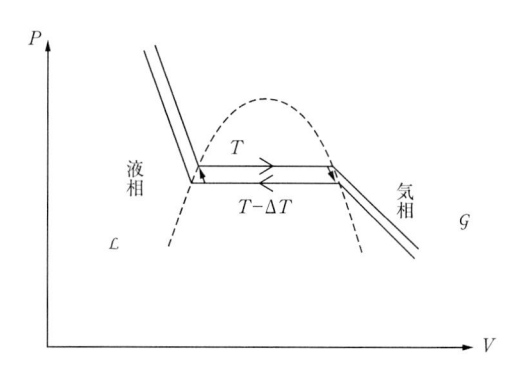

図 7.4 わずかな温度差での気化液化を使ったサイクルエンジン.温度変化の過程は断熱膨張,断熱圧縮である.時計回りにまわって,外部に仕事をする.

$$Q\frac{\Delta T}{T} = \Delta P(V_g - V_\ell) \tag{7.34}$$

となるが,これは,Q を気化熱(潜熱)L とおくと,

$$\frac{L}{T(V_g - V_\ell)} = \frac{\Delta P}{\Delta T} \tag{7.35}$$

であって,これはクラペイロン-クラウジウスの関係式である[*11].

以上により,化学ポテンシャルが等しいという条件式とギブス-デュエムの式から数学的に求める方法とこのような気化液化サイクルエンジンという具体的操作に基づく方法の両方で,相平衡曲線に関する重要な関係式を得ることが出来た[*12].

[*11) この導出法は,R. P. Feynman, R. B. Leighton, M. L. Sans, "*The Feynman lectures on physics,*"[6] を参考にした.この講義録の素晴らしさは広く知られているが,輝かしい成果には問題演習指導を引き受けているチューターらの活躍も見逃せない.

[*12) なお,この気化液化エンジンに極めて近いおもちゃが,水呑み鳥(drinking bird,水呑みは誤訳と思う)である.これには塩化エーテルの気化液化が使われている.管内での沸点が 30℃ 程度になるように作られている.水が 15℃ 程度なので,その差によって動き続ける.

8. 電解質電池の熱統計物理
——「仕事」と呼ばれるもの

　ここで，電池の働きを考えてみよう．いままで，気体，特に理想気体を扱ってきた．ここから，電解質溶液という液体を考える．そこへの熱力学の適用については，詳細な検討が必要であるが，ここでは，まず，おおよその感じをつかんでもらうため，そのような検討は第 10 章以降および他書に譲り[29)30)]，概要を説明する[31)]．その目的は，示強変数と示量変数という共役量による仕事という量の表現の基本例として論じ，それを，磁場磁化の系などに熱力学的な拡張の方法を論ずることにある[*1)]．

8.1　電解質濃淡電池

　例えば，図 8.1 (a) のように，硫酸亜鉛 $ZnSO_4$ の濃い溶液 $Zn^{2+}SO_4^{2-}$ と薄い溶液を作って，その両者を仕切り板で仕切っておく．この仕切り板を取り払うと，イオン濃度の濃い方のイオンが薄い濃度の方へ移動する．これは，エントロピーの増大であるから自発的に起こる．しかし，それでは見つめるばかりで，外部に仕事という形でエネルギーを取り出すことは出来ない．

　そこで，今度は，図 8.1 (b) のように，これらの濃い溶液と薄い溶液を硫酸を含んだゼラチン体でつなぐ．容器としては別個だが，電気的にはつながれた状態になる．陽イオン (cation) Zn^{2+} と陰イオンはそれぞれの溶液内で同じ数だけあって電気的なクーロン引力で引き合っているので，このままでは何も起こらない．しかし，それぞれの溶液に亜鉛板を入れてその両者を導線でつないでみると，濃い溶液中の陽イオンである亜鉛イオンが亜鉛板に析出し，薄い溶液中の亜鉛板から亜鉛原子が陽イオンとなって溶け出すことによって，両方の溶液の濃度を中途半端なエントロピーの大きな溶液にしようとする．その際に，導線にはマイナスの電荷を持った電子 (electron) が薄い溶液に入れた亜鉛板から濃い溶液に入れた亜鉛板に流れる．それと等しい電荷が溶液中の陰イオンによってゼラチン体を通して運ばれるわけである．ただの混じり合いに対して，人間が，方向性

---

*1)　化学の電解質溶液への適用という分野としては，基礎の「き」であって，「電気化学」という豊潤なフルコースのオードブルである．

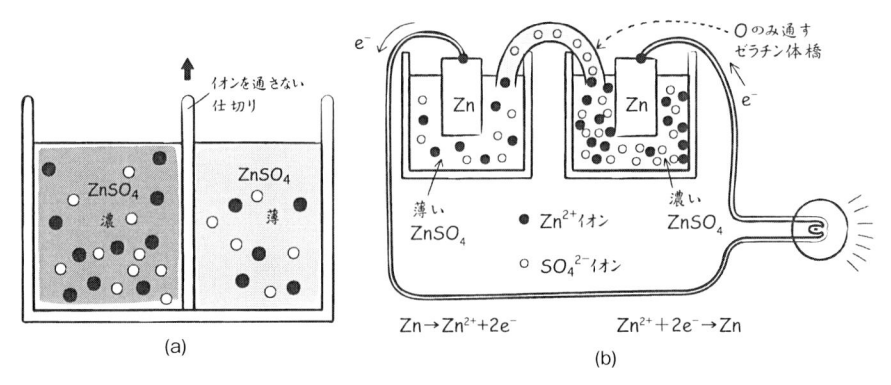

図 8.1 (a) 薄い電解質溶液と濃い電解質溶液を単に混ぜる．平衡状態に向かってエントロピーが増していく．(b) 電極，ゼラチン体橋をつけて，外部に電荷を流す．これは濃淡電池である．

を与えて，制御したという点が本質である[*2)7)]．このようなものは濃淡電池と呼ばれる．

8.1.1 化学ポテンシャル

ここで，各電極での電位は，その電極のある各溶液での電気化学ポテンシャルと呼ばれるものである．その差が，外部回路に起電力 $\widetilde{V}$（発生電圧）を与えている．ここでは，電気化学ポテンシャルに基づく説明はせず，定性的に直観的記述をしている．化学ポテンシャルについての，詳しい説明は，後の章で行うが，考えている系と外界との粒子（今の場合は電子）のやりとり，つまり，粒子を外界へ流出させる能力，粒子を外界から流入させる能力を表現しているという点を，指摘しておく[*3)]．

8.2 2種類の金属を電極に使う場合

さらに起電力を高めるために，負極に金属イオンを溶け出しやすい金属電極板（例えば亜鉛板）を使って，その金属がわずかに溶けた薄い電解質溶液を用意する．一方で，正極には，銅のようなイオン化しにくい金属を，電極として溶液につける装置が考えられている．イオン化しやすい金属がイオン化した際に放出する電

[*2)] "The Second Law"[7)] を参照のこと．
[*3)] 実際はゼラチン体に KCl のような塩の濃厚水溶液を使う．これを塩橋という．この場合，Zn^{2+} イオンの反応に伴って K^+ のが右へ，Cl^- が左へ供給される．

子を外部回路に通じて，イオン化しにくい金属に与え，その表面において，電解質中の水素イオンが水素分子となるようにした装置が化学電池である．外部回路を流れる電子が外部へ電気的な「仕事」をすることになる．イオン化しにくい金属の方を電池の負極，イオン化しやすい金属の方を電池の正極という．外部回路には，負極から正極に向かって電子が流れている．

8.2.1 ボルタの電池

例えば，イオン化しやすい金属を亜鉛 Zn，イオン化しにくい金属を銅 Cu として，電解質溶液に希硫酸 H_2SO_4 を用いたものがボルタ（Volta）の電池（発明 1800）である．図 8.2 を見てほしい．

ここで，各電極での反応を記す．

$$\text{負極：} \quad Zn \rightarrow Zn^{2+} + 2e^-, \quad \text{正極：} \quad 2H^+ + 2e^- \rightarrow H_2 \qquad (8.1)$$

この電池の起電力は約 1.1 ボルト [V] である[*4]．

電子が飛び出す方が能動的な極であるが，人間はいろいろな経緯から，電子の符号をマイナスと決めることになったので，酸化される金属の電極すなわち電子が外部回路へ飛び出す電極を負極，外部回路から電子を受け取る金属の電極を正極としたのである．外部回路では，正極から負極へ「プラス電荷を持ったものが電流が流れる」ということができる[*5]．

8.2.2 ダニエル電池

さらに，負極側の電解質に硫酸亜鉛，正極側の電解質に硫酸銅を用いて，正極に銅イオン Cu^{2+} の析出をさせているのがダニエル（Daniell）電池（考案 1836）である．図 8.3 を見てほしい．

各電極での反応を記す．

$$\text{負極：} \quad Zn \rightarrow Zn^{2+} + 2e^-, \quad \text{正極：} \quad Cu^{2+} + 2e^- \rightarrow Cu \qquad (8.2)$$

[*4] これは外部に電流を流さない状態での起電力である．一般に，外部に電流を流すと，電池電圧は低下する．これを分極電圧あるいは過電圧という．この原因は電気化学の重要なテーマでもあり，難問である．手短かにいえば，反応の速度が有限のためである．電極表面での反応過程，イオンの拡散過程，などが外部に取り出そうとする電流に間に合わなくなることによって生じる．

[*5] なお，電解質溶液内では，Zn^{2+} が負極から出て行き，H^+ が正極へ移動するので，正電荷イオンというプラスの電流は，「負極から正極へ流れる」ということになる．ただし，この「イオンが電解溶液中を流れていく」という言い方は，高校化学の教科書では広く使われているが，実際の振舞いに比べて，単純すぎると思う．これについては本書「電気分解」の項目を参照してほしい．

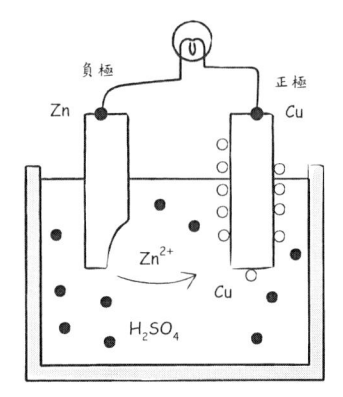

図 8.2 ボルタの電池の原理．イオン化しやすい金属とイオン化しにくい2種の金属を酸性溶液にいれて電極にする．イオン化されやすい金属が溶けていく．黒丸は Zn^{2+} イオン，白丸は水素分子．

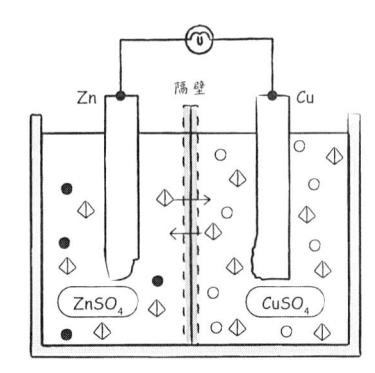

図 8.3 ダニエル電池の原理．中央の隔壁は半透膜である．黒丸は Zn^{2+} イオン，白丸は Cu^{2+} イオン，正四面体は SO_4^{2-} イオン．

8.2.3 隔壁の役割

この式は Zn から Cu への電子の受け渡しを意味しており，もし，銅イオン Cu^{+2} が負極の付近に沢山いて，

$$Zn + Cu^{2+} \rightarrow Zn^{2+} + Cu \tag{8.3}$$

の反応が負極で，どんどん起こってしまうと，電子の流れを外部に有効に取り出せない．

そこで，負極の電解質である硫酸亜鉛と，正極の電解質である硫酸銅が混じらないようにする必要がある．それが隔膜と呼ばれるもので，よく素焼き板が使われる．簡単な実験ではセロハンでもよい．これによって，Zn^{2+}，Cu^{2+} が通りにくく混じらないようにしている．他方，陰イオンは（比較的）容易に通る．これによって，電気的なつながりを保っている．溶液中では電気的に中性でなければならないので，濃い銅イオンのある正極付近では陰イオン SO_4^{2-} が濃く，薄い亜鉛イオンのある負極付近では，SO_4^{2-} が薄くなっている．これが「電池が新しい」状態である．そして，電池が外部回路によって仕事をするにつれて，正極付近では銅イオンが薄くなり，負極付近では，Zn^{2+} が濃くなる．それにつれて，電気的中性を保つために，SO_4^{2-} が隔膜を通って，正極から負極に Zn^{2+} がその逆向きに移っていく．電解質溶液を見ていると，SO_4^{2-} の濃い溶液と薄い溶液が混じっ

て一様な濃さになる混合によるエントロピー増大過程ともいえる．イオンのイオン化傾向の差とエントロピー増大効果の両方を利用している[*6]．

8.3　電池の熱力学

電池では，起電力（発生電圧）$\tilde{V}$ とすると，平衡状態において，dq の電荷の変化によって，$dw=dq\tilde{V}$ の仕事を外部に行う．イオンの価数を z，アボガドロ数を N_a，基礎電荷を e とおくと，dn モルの変化による仕事 dw は

$$dw = dq\tilde{V} = zeN_a\tilde{V}dn = z\tilde{f}\tilde{V}dn \tag{8.4}$$

と書ける．ここで，eN_a をファラデー定数と呼び $\tilde{f}$ で表した．ここで $\tilde{V}$ の測定実験は，外部に起電力を用意して，この電池の起電力と釣り合わせることによって，正味の外部電流が流れないようにして，一定温度のもとで行う．温度を変えると $\tilde{V}$ の温度依存性 $\tilde{V}(T)$ が得られるわけである．dn はこのような平衡状態からわずかに銅が析出する方にずれた場合の銅の生成モル数を表している（これはまた，同時に負極における金属のイオン化のモル数をも表している）．この仕事 dw は系の内部エネルギーの減少によって与えられるのであるが，外部からの熱の流入による寄与，または外部への熱の流出による損失はどうなっているのだろうか．これを考えるには，熱力学の第1法則，第2法則の考慮が必要である．

これらの法則は熱流入 dQ をエントロピー流 dS で，$dQ=TdS$ と表して

$$TdS = dU + z\tilde{f}\tilde{V}(T)dn \tag{8.5}$$

と記述される．ここで，ヘルムホルツの自由エネルギー F は $U-TS$ で定義されるので，変分をとると，

$$dF = dU - TdS - SdT \tag{8.6}$$

となる．この dU へ式 (8.5) を代入すると，

$$dF = -SdT - z\tilde{f}\tilde{V}(T)dn \tag{8.7}$$

を得る．ここにおいて，F が変数 T, n で表現された．これから，

$$S = -(\partial F/\partial T)_n, \qquad z\tilde{f}\tilde{V}(T) = -(\partial F/\partial n)_T \tag{8.8}$$

がわかる．括弧の右下の変数は一定に保つ物理量である．これから，マクスウェルの関係式を求める．すなわち，左式を n で偏微分したものと，右式を T で偏微分したものは等しいので，

[*6]　現実には両液界面での分極（液間電位）などの重要な問題もあるが本書では触れない．

$$(\partial S/\partial n)_T = \{\partial/\partial T(z\tilde{f}\tilde{V}(T))\}_n \tag{8.9}$$

これから，温度一定の過程において，

$$dS = z\tilde{f}\{(\partial \tilde{V}(T)/\partial T)_n\}dn \tag{8.10}$$

が求まる．つまり，温度一定下での dn の変化に伴うエントロピー変化が $\tilde{V}(T)$ の温度変化で表記されることがわかる．これについては次項で議論する．

8.3.1 エントロピー変化

前項で得られた式はマクスウェルの関係式であるので，近似ではなく，厳密に成り立つ．この dS を式（8.5）へ代入すると，内部エネルギー変化 dU が

$$dU = z\tilde{f}\{-\tilde{V} + T(\partial \tilde{V}/\partial T)_n\}dn \tag{8.11}$$

で記せる．これが，dn に伴う内部エネルギーの変化である．一般には

$$|\tilde{V}| \gg |T(\partial \tilde{V}/\partial T)_n| \tag{8.12}$$

なので，内部エネルギーは減少する．式（8.11）の第 2 項はエントロピー変化の効果を示している．ダニエル電池の場合，これは温度とともに $\tilde{V}$ は増すことが知られており，正である（$+0.34\times 10^{-4}$ V/deg）．この場合，電池は外部から熱を吸収して，エントロピーの増大，すなわち，秩序の崩壊を起こしつつ，内部エネルギーを下げて，外部に電気的な仕事をしている．

他方，以下の反応式で表せされる銀電池

$$Cd + 2AgCl = CdCl_2 + 2Ag \tag{8.13}$$

では，式（8.11）の第 2 項がマイナスとなる（-6.50×10^{-4} V/deg）．この電池では，外部に熱を放出しつつ，何らかの秩序形成をして，内部エネルギーを下げて，外部に電気的仕事をすることになる[*7]．

[*7] イオン種による，$\partial \tilde{V}/\partial T$ の符号の違い，すなわち，エントロピーの増加減少の違いはどこから生じるのであろうか．溶液中における電極でのイオン反応（析出）の問題は難問である．物理化学と化学物理の間には未解決の課題が極めて多い．実際，この問題は筆者の調べた範囲では，実はよくわかっていないようである．以下は，想像である．負極における金属のイオン化とそのイオンの拡散においてはイオン種によるエントロピー増加量に差がないとすると，正極における銅イオンの析出はランダムに起こり，銀イオンの析出は比較的に秩序を持つのかもしれない．これは，銀がメッキによってきれいに金属の表面に付くことと関係があるのかもしれない．この違いは経験的なものあって，起源は不明と思われる．

8.4 共役な「力」と「変位」の様々な例

前節における電池の仕事の扱いを一般化しよう.
電池では,起電力を $\widetilde{V}$ とすると,平衡状態において,dq の電荷の変化によって,
$$dw = dq\widetilde{V} \tag{8.14}$$
の仕事 dw を外部回路へする.ここで,一般に,一般化力 A を
$$A = zf\widetilde{V} \tag{8.15}$$
とおくと,一般化変位を dn として,積 $A \cdot dn$ が仕事 dw と表現される.

いずれにせよ,仕事というエネルギー量を示量的な性質を持つ量と,示強的性質を持つ変数の積で表している.これは,一般化力 A と一般化変位 x はその積がエネルギーを示し,$A\,dx$ が変位 dx に伴う外部への仕事を表していると「一般化」できる.この場合,一般化力 A の温度に対する微分 $(\partial A/\partial T)dx$ が系のエントロピー変化 dS を与える.この微係数が正の場合は x の増加にともなってエントロピー S が増加すること,この微係数が負の場合は x の増加にともなってエントロピー S が減少することを意味している.これからの各節で,いろいろな場合を扱っていく[*8].

8.5 磁場中の磁化

一例として,強磁性体を磁場中に置いた系を考える.x を磁場 H,A を磁化 M と置いてみよう.本来ベクトル量であるが,ここでは磁場の方向成分を考えることにする.スカラー量で表記する.通常 M は,温度とともに減少するので,$\partial M/\partial T$ はマイナスである.これは,磁場 H の増加によって,エントロピーが減少すること,すなわち,磁気的な秩序が増すことを示している.

ヘルムホルツの自由エネルギーの変分 dF
$$dF = -SdT - zf\widetilde{V}(T)dn \tag{8.16}$$
にあたる式は
$$dF = -SdT - M(T)dH \tag{8.17}$$
である.エントロピー変化量

[*8)] 個々の系は,それぞれ物性科学の重要な課題として扱われているが,ここでは統一的に説明する.

に対応する式は
$$dS = z\tilde{f}[\partial \tilde{V}(T)/\partial T]_n \, dn \tag{8.18}$$

$$dS = [\partial M(T)/\partial T]_H \, dH \tag{8.19}$$

であり，内部エネルギー変化量 (8.11)

$$dU = -z\tilde{f}\{\tilde{V} + T[\partial \tilde{V}(T)/\partial T]_n\} dn$$

に比較されるべき式は

$$dU = \{-M + T[\partial M(T)/\partial T]_H\} dH \tag{8.20}$$

である．なお，$\partial M/\partial T$ はマイナスであることを再度注意しておく．

これらの式は，磁化 $M(T)$ を持った系が磁場 H 中で示す熱力学を表している．ただし，これらの式はそもそも磁化 $M(T)$ がどのように作られたかを与えるものではないことに注意してほしい．熱力学は平衡状態から準静的にほんのわずかにずれたあたりを扱う現象論なのである．そのためそもそも磁化生成の起因を与えるものではない．いろいろなテキストに磁化生成の起因と結びつけた議論があり，それぞれ，教育的な意義は充分あるが，解釈は唯一ではなく，いろいろに議論することができることも知っておいてほしい[4]．

【問題 4】 ここでは，一般化変位 X に対して示量的な量である磁場 H を一般化した力 A を示強的な量である磁化 M とおいた．しかし，一般化変位を M とみて，一般化した力を H とみなす方法も充分にありうる．それでも同じように，公式化できる．得られた結果において，変数を交換したい場合は，熱力学関数として，磁気的エンタルピー H_M を $U - MH$ という形で導入すればよい．以上を試みよ[*9]．

8.6 他の系への拡張

以上によって，示強変数である「力」と示量変数である「変位」は組になってエネルギー（仕事）を表している．他の系への拡張も容易である．

8.6.1 誘電体の分極

電気的な仕事において，電場 E は前者であって，電束密度 D は後者のように

[*9] この場合，対象系として，磁化のエネルギーというものを包含させるかどうかの問題に過ぎないことに気がつく．考えてみれば，気体系での内部エネルギー U とエンタルピー H も，気体が圧力という形で保持しているエネルギー形態を包含させるかどうかの問題に過ぎなかったのである．

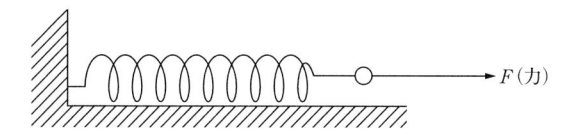

図 8.4 弾性体を自然の長さから x 伸ばす．フックの法則による復元力 $A=-kx$ が生じる．

思えるが[*10)]，実はあまり明確ではない．これは，物質中での E, D の持つ物理的な意味の曖昧さによるものであろう[*11)]．

8.6.2 ゴム弾性の系[17)29)]

さらに，特例として，A が x に対して $A=-kx$ というフックの法則に従う系がゴム弾性の系，あるいは表面張力系のような高分子の弾性体系を考えてみよう．x が増大することは外から仕事を受けるので，マイナスをつけておく．ここで，弾性係数 k が温度によらない一定の量の場合は単なる「力学」である．今は，温度依存性 $k(T)$ を持っている場合を考える．図 8.4 を見てほしい．

この場合，式（8.7）

$$dF = -S\,dT - z\tilde{f}\widetilde{V}(T)dn$$

にあたる式は，

$$dF = -S\,dT - A(T)dx = -S\,dT + kx\,dx \tag{8.21}$$

である．これは，$(\partial F/\partial x)_T = kx$ を意味する．温度一定での変化である．これを積分して

$$F(T,x) = F(T,0) + (1/2)k(T)x^2 \tag{8.22}$$

を得る．そこで，この式から，$S = -\partial F/\partial T$ を用いて，

$$S(T,x) = -\frac{\partial F(T,0)}{\partial T} - \frac{1}{2}\left[\frac{\partial k(T)}{\partial T}\right]_x x^2 = S(T,0) - \frac{1}{2}\left[\frac{\partial k(T)}{\partial T}\right]_x x^2 \tag{8.23}$$

が導かれる．したがって，内部エネルギー U は

$$U(T,x) = F + TS = U(T,0) + \frac{1}{2}\left\{k(T) - T\left[\frac{\partial k(T)}{\partial T}\right]_x\right\}x^2 \tag{8.24}$$

となる．これが熱力学である．なお，$F(T,0) + TS(T,0)$ を $U(T,0)$ と置いてある．

---

*10) 本来ベクトル量であるが，ここでは電場の方向成分を考えることにする．スカラー量で表記する．
*11) この観点から「電磁気学教科書」において，H が E に対応して，B が D に対応するというのも，あまり必然的理由がない．物理の本らしくない記述だが，それが実態である．それぞれのテキストでの一貫性のある記述の努力は尊重するが，自然の方がもっと懐が深い．

ところで，「力学」でいう弾性エネルギーの $(1/2)\tilde{K}x^2$ のバネ定数 $\tilde{K}$ とは何であろうか．これは，あまりはっきりしていない．もし，バネが等温的 (isothermal) に伸び縮みする場合は弾性エネルギーは自由エネルギー (8.22) であって，$\tilde{K}_{th}=k(T)$ である．また，バネが断熱的 (adiabatic) に伸び縮みする場合は弾性エネルギーは内部エネルギー (8.24) とすべきであって，$\tilde{K}_{ad}=k(T)-T[\partial k(T)/\partial T]$ である[12]．実際，$\tilde{K}_{th}$ と $\tilde{K}_{ad}$ は一般に異なるものである[13]．

---

[12] 等温的な伸び縮みは，熱の出入りを許すゆっくりとした変化を示している．他方，断熱的な伸び縮みは，熱の出入りを許さない急激な変化に対応している．

[13] 例えば，つきたての餅は，$[\partial k(T)/\partial T]$ がマイナスで絶対値がかなり大きく，$\tilde{K}_{th} \leq \tilde{K}_{ad}$ となる．このため，ゆっくり伸ばすと柔らかいのに，急激にはたいたりすると硬いと感じる．スライムも作り方によってはそのような傾向を持つ．また，特に $\tilde{K}_{th}$ よりも $\tilde{K}_{ad}$ の方がかなり大きいような物質もおもちゃ商品として売られている．

9. 電解質水溶液における電気伝導の物理

　金属表面から真空中に電子が飛び出す場合[*1)]に比べて，金属表面から溶液中へ電荷が出てくる，あるいは電荷のやり取りをするのは，イメージを描きにくいばかりでなく，理解がすすめにくい．実際，1800年前後に行われたボルタの電池の実験から200年以上経っているが，電解質溶液での電極における反応の問題はまだまだ難問であり続けている．その難問の起源は，金属である電極の表面での溶液のイオンの反応が持つ複雑さのためである[*2)30)]．

9.1 電解質が持つ二面性

　電解質には，図9.1に示すように，コンデンサーとして使われる，絶縁体としての役割と，電荷を運ぶ溶液としての側面の両方を持っている[*3)]．

[*1)] 金属の表面からの電子（電荷）の放出は，物性物理学の中心課題である．金属表面に光をあてて，真空中に飛び出してくる電子を測定する，光電効果は，光の粒子性を示す実験としてデビューしたが，現代では，金属内の電子状態を調べる手段として，「光電子分光」として盛んに使われている．固体物性実験の標準ツールになりつつある．また，有限温度では，単に，熱励起によっても，真空中に電子が飛び出してくる．熱電子と呼ばれている．これは，統計物理学の演習問題にもなっている．

[*2)] この章は，電気化学というフルコースのスープである．なぜ，スープかは，この章の脚注＊17)に書いてある．

[*3)] 小学生の頃，ラジオに使われていた電解コンデンサーを分解してみた．図9.1のように，油紙のような部分と金属が幾重にも巻かれていた．この油紙のようなところに電気が貯まるのだと思った．ところが，中学校では，電解質は電気を通しやすいものと教えられて，実際，電気を流して電気分解の実験をした．先生は，電極の電位が溶液中のイオンを遠くの方から引っ張り，それによって，イオンがどんどん流れて行って，電極付近で反応して気体分子になることを黒板で説明された．明快だったが，コンデンサーとしては絶縁体なのでは？と疑問に思った．というわけで，電解質の持つ二面性を感じた．ところが，この二面性については，高校に入ってもきちんと教えてもらう機会がなかった．相変わらず，電気分解の項目では，正負のイオンが溶液中を電位差を感じてスムーズに流れていき，電極で反応するという描像がテキストの記述であった．抵抗器と同じように，系全体で一様な電位差の中を，イオンが流れつつ，徐々にエネルギーを失っていくと考えてしまったわけである．もちろん，そこで，しっかり考えぬかなかったのは，自分の責任である．大学において，ようやく，これは電極間にかける電位差の大小の問題であることがわかってきた．そして，実際には，電極の近くに，電荷2重層が出来るため，電解コンデンサーのほとんどの領域では，電位差が一定になっていることを知った．理解を深めたのは，大学も後半になってからである．このあたりが（私の能力の）実情である．ところが，そのあたりの境目を物理化

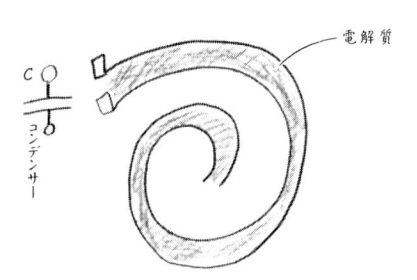

図 9.1 電解コンデンサーを分解した時の印象．イメージ図．

9.1.1 コンデンサー領域

「電極に外部から電位を与える」とは，その電極の電気的作用をも取り込んだ化学ポテンシャル（つまり，電気化学ポテンシャル）を定めることになる[*4]．これは第7章の電池の場合と逆である．あるいは，そのような外部から電位を与える装置の一例として，電解質電池があるともいえる．この場合，電解質電池の電極からリード線へそして電解質電極へという導体のつながりは，電気化学ポテンシャルを伝えるための装置ともいえる．この章の初めに紹介した，光電子分光では，光をあてることで，電子が系に現れる．その場合，「電気化学ポテンシャル」という単純で巨視的量ではなく，微視的な様々な情報を与えることになる[*5]．他方，電気伝導の実験では，そのような微視的な様々な情報は電極からリード線へそして電極へという導体のつながりによって完全になくなっているのである．

さて，このようにして，電解質溶液に電界をかけると，正極には負のイオンが貯まって，負極には正のイオンが貯まって，電気2重層を作り，電気の流れは止まる．図9.2を見てほしい．

この電気2重層の形成の熱統計物理学理論については，デバイ-ヒュッケル

学のテキストで調べてみても，どうも曖昧な記述が多いという印象を持った．現在では，「電気化学」という，第一線の研究者によるテキストにおいて，そのあたりの丁寧な解説が見られるようになっているが，物理学，化学の大学初学年向けテキストでの記述の不明確さは，改善されていないという印象を受けてしまう．振り返ってみると，その大学初学年あたりで，電極に電圧を少しずつかけていくとどうなるか？ そして，電流が流れている時の，電荷の分布はどうなっているか？ それらの問題と電気分解との関係——これらをきちんと扱った物理学のテキストが手に入りやすければよかったのに——と思う．そこで，次世代の方々に対して，これらの問題を，物性物理学の課題と関連付けて，論じたものを書いておきたいというのが，本章の目的である．

[*4] 電気化学ポテンシャルは化学ポテンシャルに電気的な電位による項を加えたもので表されるが，その電位は電極，溶液内の位置で異なるので，複雑な問題がある．ここでは触れないが，電気化学において，重要な研究課題である．

[*5] この点を比較して指摘したいために章の冒頭で論じたのである．

9.1 電解質が持つ二面性

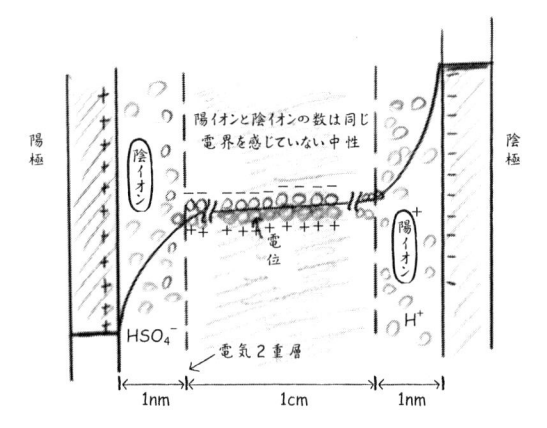

図9.2 電気2重層の模式図. 電極のごく近くのみ電位の変化, すなわち, 電界を引き受けている. その部分が電気2重層である. 中央の広い部分は電気的に中性で電位差は極めて小さい.

(Debye-Hückel) の理論として付録に載せたイオン雰囲気域と同じものである. イオンが素早く電極に近づいてきて, 電極の電荷によるクーロン力を遮蔽してしまう. この2重層の形成される時間, つまり「電気の流れる」時間は, 約10^{-2}秒である. これは, コンデンサーの充電過程である. この2重層はかなり安定で, 外部電位差を取り外しても, かなりの時間残る. だから, 電気製品の分解では, まずコンデンサーの充電を放電しないと感電の恐れがある. 付録でも示してあるが, この2重層はナノメートルの厚さであって, イオン数個分しかない. だから, 数センチメートル離れた電極間のイオンにとって, 1000万分の1(10^{-7})のイオンが関与するに過ぎない[*6)].

しかし, その薄い層内では, 数ボルトの電位差を受け持っているので, 10^9 V/m = 10^7 V/cmという極めて高電界である. 1 Vの電位差を電子はエネルギー差として, 1 eVに感じる. この1 eVは, 単純に熱エネルギーに換算すると, 約1万度に対応する[*7)].

[*6)] ナノ (n) は10^{-9}を意味する. ミリ (m) は10^{-3}を, マイクロ (μ) は10^{-6}を意味する. 10^{-9}よりも小さい単位は, ピコ10^{-12}, フェムト10^{-15}である. なお, 0.1 nm = 10^{-10} m = 10^{-8} cmは1 Åでもあり, 原子の大きさ程度である. 1 nmには水分子H_2Oは4から5個程度並ぶ.

[*7)] 付録のデバイ-ヒュッケル理論では, ある着目するイオンに対しての雰囲気域であるのに対して, ここでは電極という平面に対する雰囲気域の形成なので, 次元が違うと思われるかもしれない. ただし, この雰囲気域は, イオン数個分しかないので, 電極を作っている原子の丸みを十分感じることになる. 電極面は3次元的に扱う方がむしろよいのである.

さて，さらに電極間の電位差を増して行くと，わずかに電流が流れるようになる．この領域がどのように起こるかはその電解質の個性に大いに依存する微妙な問題でもある．

9.1.2 伝導領域

さらに電位差を増やそう．ある電位差で絶縁破壊（いわゆる，コンデンサーのパンク）が起こる[*8]．電位差が大きくなったので，負極では正イオンが電極から電子を得，正極では陰イオンが電子を失って電極に渡す．これが電気分解である．そのために，電荷の不均衡が生じる．それを解消するために，「イオンが流れ始めた」というべきである．この電圧を分解電圧（decomposition voltage）ともいう．イオンが電界によって，どんどん流れていって電極で電荷のやりとりをするというのは，あまりに巧く描かれすぎたシナリオである．電位差があまりに大きくなったので，2重層では支えきれなくなってしまい，電極付近のイオンが電極と電荷の出し入れをせざるを得なくなってしまった，それを補うために電荷の流れが生まれた，という方が，現実に近い．あくまで，電極近傍のイオンによる，局所的変化である．とにかく，1万度に達するような高エネルギーに対応する変化がこの狭い層内に詰まっていることは驚くべきことである．電解質中の電極（の表面）は極めて局所的にエネルギー励起を作る特異的領域なのである．

この場合，全体の電荷の流れというのも，全体的寄与のように感じるが，実は既に詰まっていた，正電荷と負電荷のズレであって，実質的な変化は，ズレの両端付近のみなのである[*9]．

他方よく使われている抵抗器では，1 cm の抵抗体に 100 V の電圧がかかるとしても，1 nm には電位差は 10^{-4} V であって，このクーロンエネルギー（差）は温度（$k_B T$）にすると，1 K の差しかない．ゆるやかにエネルギーを消費してジュール熱となっている．

[*8) これを防ぐために，電解コンデンサーには耐電圧が表記されている．その昔，真空管ラジオの整流回路に使う電解コンデンサーは耐電圧が 300 V は必要なため，高価であった．

[*9) 既にここで，識別可能な古典的粒子が電荷を持つという概念に無理が生じている．本質的に識別不可能なので，電荷だけが移動し，他には何も変わっていないのである．

9.1.3 イオン移動度

ともあれ，一般的には，結果としての「イオンの移動度」という量が目安になる．表 9.1 を見てほしい．

表 9.1 イオン移動度（単位は $10^{-4} \mathrm{cm}^2 \cdot \mathrm{V}^{-1} \cdot \mathrm{sec}^{-1}$）

陽イオン				陰イオン			
H^+	36.3	Mg^{2+}	5.5	OH^-	20.5	I^-	7.96
K^+	7.62	Li^+	4.01	F^-	5.74	Br^-	8.1
Ca^+	6.17	Na^+	5.19	Cl^-	7.91	SO_4^{2-}	8.29

この移動度という言葉は，「系全体に一定の電位勾配が出来ていて，溶液（溶媒というべきか）のために抵抗があってそこでエネルギーの散逸が起こっている」という描像を描いてしまいやすい．その描像に立つと，小さいイオンほど移動度が高く，大きなイオンは動きにくいという単純な規則が成り立ちそうではある．ところが，よく表を見ると，不思議なことに気がつく．水酸化イオン OH^- はフッ素イオン F^- とほぼ同じ大きさである．しかもフッ素イオンのように球形とは考えにくい．つまり，水酸化イオンが特別動きやすい理由は大きさだけではないようだ．電極付近の電荷のやりとりの実態とそれによって引き起こされる，電荷の変化の伝わり方（ずれというべきか）が影響している．実際，水素イオンと水酸化イオンの動きは水分子の構造における，プロトンの交換的役割と結びつけて考えるべきである．

このあたり，第一線では図 9.3 のようなメカニズムが提案されている．この図には水素イオン H^+ の伝導について描いてある．これは，陽子（プロトン）の伝導であり，水のなかでは水分子 H_2O を 1 つ取り込んで，ヒドロニウムイオン H_3O^+ というべき形になっているようであり，さらに難しい．三角錐型をしてイオンになっているわけである[*10]．つまり，いまだ，詳しいことは不明なのである．

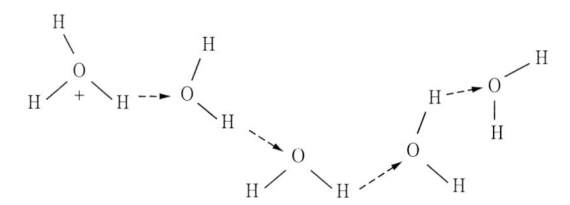

図 9.3 提案されているプロトン伝導のメカニズム．陽子がバケツリレーのように運ばれている．

[*10] このヒドロニウムイオンは，オキソニウムイオンと呼ばれている例も多い．しかし，オキソ…という名前は良くない．酸素原子が単独で役割を担っているという印象を与えるこの名前はふさわしくない．あくまでも水素イオンと水分子の問題である．

ともかく，水素イオン，水酸化イオンがそのまま，スムーズに流れているという，中学高校のテキストに一貫して明快に書かれている姿とはだいぶ違う．

9.2 電極での反応

さて，電極付近で，イオンがどうやって気体分子を出すかは，さらに高度な問題である．電極付近では，もはや，数十万度の温度に対応する超高電界になっており，そこで，電荷（電子）の授受が行われる．

9.2.1 負極反応としての水素分子の放出

水素原子が極，短時間に2つ出来，それが分子を形成するわけであるが，電極での拡散という謎めいた問題もある．その分子形成過程に関して量子力学過程のシミュレーション計算が行われつつある．図9.4を見てほしい．

電極の原子とか周囲にある他のイオンの影響を取り込むところまではいっていない．最近は，化学教育の分野で説明を努力され，ヒドロニウムイオン H_3O^+ という概念を使い，電極付近で，水素原子と水分子 H_2O に分かれると言っておら

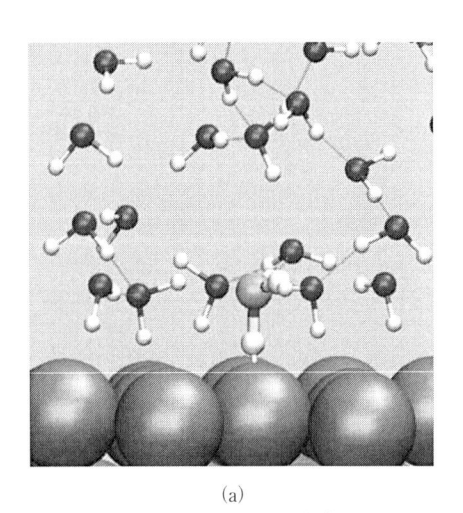

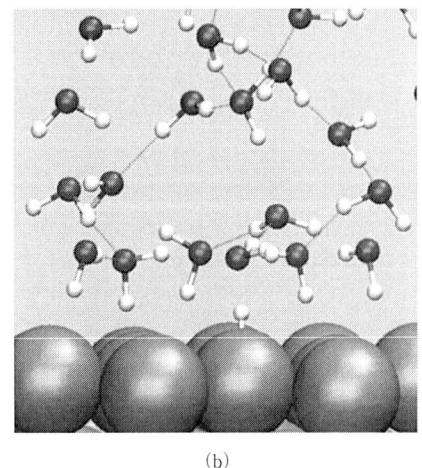

(a) (b)

図 9.4　電極での反応に関する最先端のシミュレーション計算．この写真は杉野　修氏（東京大学物性研究所）から提供されたスナップショット図である．下部の大きな球は，白金電極を考えている．(a) ヒドロニウムイオンにある水素原子（陽子）が電極へ吸着するのが見える．この際，白金表面からは電子が奪われている．(b) 結果として水素電子が電極上に残されている．これが他の吸着水素原子と結合すると，水素分子となって離脱する．

れる[*11]. この場合，負極でのイオンの反応は
$$2H_3O^+ + 2e^- \to H_2 + 2H_2O$$
と記される．しかし，さらに分解すると，
$$2H_3O^+ \to 2H^+ + 2H_2O$$
$$2H^+ + 2e^- \to H_2$$
という2つの過程になる．この下の式の反応，つまり，2つの水素原子が，電極でどのように電子を得て，会合し，水素分子 (H_2) になって気体化して現れるのかは，難しい問題である．この反応がはじめに電極に吸着したH^+つまり陽子が，その場で待ち受けていて，次の陽子と合体するのか，あるいは，電極の別の場所に離れて吸着した2つの陽子が，表面を動いていって合体するか，といった問題は，電極の種類などの条件次第で変わるらしく難問である[*12]．実際，最先端の研究においてでも，解明に向けて大規模な計算機シミュレーションが始まった段階である[*13]．

9.2.2 正極での酸素分子の放出と電気分解の本質

多くの場合，正極からは，酸素分子が発生する．その過程は
$$2H_2O \to O_2 + 4H^+ + 4e^-$$
と記されることが多いが，必然的に存在する水酸化イオンOH^-が反応して
$$4OH^- \to O_2 + 2H_2O + 4e^-$$
と記しても，間違いではない．このあたりは，化学式（イオン式）表現の限界点でもある．

さて，このような場合，酸素分子発生のメカニズムになると，もやは，酸素2つから，分子が形成される量子力学過程に関しては，見通しのよいシミュレーション計算は未だないといってよい状況である．問題を難しくしている事情の一つが拡散現象の寄与である．酸素原子は電極表面を拡散する時間がかなりあって，それから他の酸素原子と合体するらしい．このあたり，手探りの段階である．最先端の研究とはスマートなものではない．「泥沼を這いずりまわる」行為である．この章の終りにこのあたりの事情をまとめた．

この電解質水溶液に他の陰イオン，例えばフッ素イオンF^-があると，フッ素

[*11] 例えば，高校化学副読本として定評のある，『フォトサイエンス化学図説』[31]をあげる．
[*12] 参考文献は『電子移動の化学』，『電気化学』[30].
[*13] なお，ヒドロニウムイオンH_3O^+については，第11章の電離平衡の話でも紹介する．形は水素原子を底辺とする三角錐であり，これはアンモニウムイオンNH_4^+に似ている．

分子が発生する．酸素よりも分子になりやすいのである．これは電気陰性度が高いので，より分子への反応が起こりやすいというと簡単であるが，どのような効果（段階過程）がその差を与えているかはわかっていない．もし，フッ素のイオン濃度が低いと，両方が出てくるのは当然起こる．あるいは，フッ素のイオン濃度が濃くても，とんでもなく高電圧をかけた場合も激しい反応のなかで，両方が出てくる[*14]．

よくある，食塩の電気分解をまとめておこう．電極に電位差を与える前は，水素イオンと塩素イオンは，すべての場所で，同じ量であり，すぐ近くでの対によって，系全体は中性とみなせる．

ここへ，電位差を与えても，溶液のほとんどの場所での中性は変わらない．わずかに，電極の近くでのみ，電位差を感じて，バランスを崩している．そこで，電位差を増すと，電極の近くで

$$H^+ + e^- \to H \to \frac{1}{2}H_2, \quad Cl^- \to e^- + Cl \to \frac{1}{2}Cl_2 + e^-$$

という反応が起る．そのことを，溶液内の大部分のイオンは，全く関知していないのである．しかし，電荷のズレは外部にはしっかり，「電流の発生」として認識されるのである．これを，溶液中を電流が流れるといっているが，微妙な問題である．電荷のズレが起こったという情報が伝わったというべきであろうか？だから，この時の電流発生（という情報の伝搬）の速さは，イオン一つ一つの動きとは関係なく，ずっと速いのである．

9.2.3 メッキ

電気分解と密接な関係があるのがメッキである．ある金属の表面に別の金属の薄膜を作る方法である．例えば，図 9.5 のように硫酸ニッケル (NiSO$_4$) 水溶液に電極をいれて，電圧をかけると，陰極の電極で，Ni イオンが電子を受けて原子になって析出する．これがメッキである．

メッキ前の金属板には，かなりの凹凸があるが，メッキ面は平滑になる．他方，硫酸銅溶液から電圧をかけずに銅を析出させるだけでは，樹枝状の結晶となってしまう．

これは，後者が，イオンの拡散によって支配されているのに対して，メッキでは電圧によってかかった電界を受けて並進運動をしているからである．後者では

[*14] このあたり，マークシート式試験問題では，食塩水を電気分解すると，正極から何が発生するかという問題がある．「正解」は塩素ガスであって酸素ガスは間違いとされるが，無茶な話である．

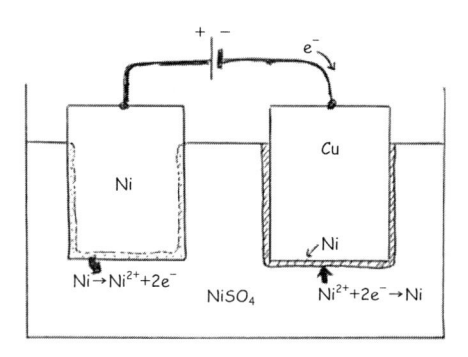

図9.5 電極反応としてのメッキ

比較的ゆっくりした拡散によって，金属板の近くにやってきたイオンが電子を受けるので,既に析出している銅金属原子の位置に連続して新たに析出するために，伸びるところはどんどん伸びる構造になったと考えられる．メッキは，電圧のため整然とした動きで，陰極にやってくるので，均質な条件で析出する．たとえ一時的に不均質になっても，さらに，既に析出した銅原子が表面上を動くことによって,キンクのような場所を埋めていく過程もある．このあたりの理論は難しい．実際，メッキでも，失敗するとゴツゴツした樹枝状的な構造が現れる場合がある．このあたりが一般化しにくい課題である．その難しさの原因は，ひとえに，イオンというものが，金属棒の近くに来て，初めて金属棒の存在とか電界を感じるという事情のためであろう．表面近くのナノメートル単位の場所で，イオンは電子を失って，金属棒に渡して，そこへくっつくわけである．そこの電界は，1 nmで1Vボルト程度，つまり温度に換算して1万度も変化する場なのである[15]．

9.2.4 電気泳動

第13章でコロイドを扱うが，このコロイドは電場におくと，電極の方向に移動する．これを電気泳動（electrophoresis）という．これは，コロイドが正または負の電荷を持つためである．例をあげておこう．$AgNO_3$の溶液にKIの溶液を加えると，AgIができるが，その周囲にI^-イオンが近づき負の電荷を持つ．これは，電場によって正の電極に動いていく．これもまた，付録で述べたイオン

---

[15] この課題は，正解がはっきりしないという点で小論文課題に適している．参考文献は『千葉大学飛び入学試験問題』（千葉大学先進科学センター編，日本評論社，2008）pp.44-45,53-54．本文の部分は，筆者担当部分より抜粋し，修正加筆して記載した．

雰囲気の形成であって、デバイ-ヒュッケル理論で説明される．また，これはコロイドの周囲に出来た電気2重層ともいえる[*16)]．

9.2.5 電極は本当に理解されているのか—今後に残されている課題

電極から電子が出てきたり，入り込んだりして伝導は起こるわけであるが，そのダイナミクスは，難問である[*17)]．

そもそも電極といえども原子集団であって構造を持っている．少なくとも丸みのある原子の並んだゴツゴツした構造を考えるべきである[*18)]．それらを，ある面（点）において，電位（化学ポテンシャル）という1つの値で機能を代表させてしてしまうところに無理があるのだろうか．「電極」という概念を明確に確立させた際に背負い込んでしまった宿命である．しかし，そのような切断法によって，多くの標準的で有用な理論が生まれ，これからも作られていくことも事実である[*19)]．

[*16)] 参考文献は『物理化学大要』[21)]．
[*17)] 私が大学院の初学年の時に磁性半導体の研究会に出席した．私の発表は簡単な理論モデルに基づいた極めて単純なものであったにもかかわらず，若い私は最年少の出席者として誇りを持っていた．しかし，そのすぐ後に登壇された実験の大先生（眞隅泰三氏）はそれを打ち砕くことを冒頭に言われた．「こういうよくわからない系では，問題の影に電極の効果が潜んでいる．それは，最後に残ってしまう問題で，まるで，うまいスープを飲み終えたら，皿の底にゴキブリ君が安眠していたような気持ちになる．あの味の何割かはこいつのためだったのか，という気分だ．」これは，実験結果をどこまで説明する（ことを目標にする）か，という問題でもあるが，突き詰めると，理論の本質にかかわっているテーマである．眞隅泰三氏には，氏の深い見識に基づいた本エピソードの掲載にご快諾いただいた．
[*18)] 実験研究でも電極が充分に大きいという近似が使えないような「ナノ電極」の実験も増えてきている．
[*19)] 立場を変えて，計算機実験としては，原子集団としての電極の内部（内側というべきか）構造を取り込んだ第一原理計算を進めるという方向が考えられる．これは理論としては，電極の内部にまで立ち入ったグリーン関数を適用することになる．これも，1次元という比較的扱いやすい場合を越えて現実の系に近づけることは，難問である．読者に期待したい．

10. 多成分系への発展
——化学ポテンシャルを理解の中心として

ここで，成分が複数の場合を考える．本書の構成としては，第7章の内容を引き継いで拡張することになる[32]．例として，水とアルコールを考えてほしい．両者はいろいろな比率で溶け合って一様な系を作っている．そして，その一様な系が気相，液相などの「相」と呼ばれる状態も持っている．

10.1 多成分多相系

10.1.1 相律

多成分多相系については，それぞれの成分と相について，存在の自由度にある制限（法則）がある．それをギブスの相律という．化学ポテンシャル概念の応用として，ここでまとめておこう．

平衡状態において，成分数が n 種で，相の数が p である系で，人為的に変えることの出来る自由度 f は

$$f = n + 2 - p \tag{10.1}$$

である．ここで，成分（components）とは，水とアルコールというように異なる種類の物質を示す．相とは，第7章で論じたが，気相，液相，固相のことである．人為的に変えることの出来る自由度とは，平衡状態を記述する示強的な熱力学量である圧力 P，温度 T，化学ポテンシャル μ である．多成分多相では，これらの共役量である示量的な熱力学量の体積 V，エントロピー S（即ち出入りする熱量），物質量 N は，成分や相によって違うので，人為的に変えるものと扱わないことにする．

まず，この式 (10.1) の証明をしておこう．未知数の数を求めよう．各相の圧力としては，$P_1, P_2, \cdots, P_p$ の p 個あり，各相の温度としても $T_1, T_2, \cdots, T_p$ の p 個ある．ところが，物質量としては，n 個ではない．各物質の存在量の比が問題なので，$n-1$ である．それが p 成分ある結局

$$p + p + (n-1) \times p = 2p + np - p \tag{10.2}$$

になる．

さて，次に系を規定する方程式からの拘束を考えよう．各相の圧力が等しいと

いう条件は
$$P_1 = P_2 = \cdots = P_p$$
なので，拘束条件は $p-1$ 個である．同様に，各相の温度が等しいという条件も，相関関係なので，相の数から1だけ小さい数，つまり $p-1$ 個である．さらには，ある成分 ν について，化学ポテンシャル μ が等しいというのも
$$\mu_1^\nu = \mu_2^\nu = \cdots = \mu_p^\nu$$
なので，$p-1$ 個ある．これが成分数 ν の総数 n だけあるので，$(p-1) \times n$ 個ある．以上から拘束条件をまとめると，
$$(p-1)+(p-1)+(p-1)\times n = 2p+np-2-n \tag{10.3}$$
自由度の数 f は前者から後者を引いて，$-p+2+n$ となって証明が出来た．

10.1.2 相律の例

1成分の場合，$f = 3-p$ なので，1相では，圧力と温度が自由に決められる．2相では，圧力か，温度のどちらか一方しか自由度はない．つまり，2相共存曲線の上にあるので，一方が決まれば，他方は自動的に決まる．3相の場合は，自由度はない．これは3重点として，一意的に決まってしまう．

2成分では $f = 4-p$ 自由度は増す．1相ならば，温度，圧力の他に，成分比も自由に変えられる．しかし，2相になると，そのうちの2つしか自由に変えられない．

さて，上に述べた相律から，二硫化炭素 CS_2 とベンゼン C_6H_6 の混じった溶液の相図を描いてみよう．圧力 P を一定にするとあと自由度は2つなので，存在比を横軸，温度 T を縦軸にとる．図10.1に示す．純粋の C_6H_6 の沸点は高いが，CS_2 が混じると低くなる．また，混合溶液から CS_2 の濃縮する方法を考えてみよう．常温からある成分比で暖めると，ある温度で，気体に変わる．その点を Q_1 とする．ところが，発生する気体の比は，気体になりやすい CS_2 の方を沢山含む．その点が Q_2 である．

そこで，この気体を集めて冷やすと，混合液体が出来るが，CS_2 の存在比は高まっている．そこで，この CS_2 の濃くなった溶液を再度，熱すると，図の Q_3 点になってここで，気化が起こる．今度は，もっと CS_2 の濃い点 Q_4 の気体となる．以下これを繰り返すと，どんどん CS_2 の成分比が増していく．これを「蒸溜」という．

読者は，将来，いろいろな分野で，多成分多相の系を扱うであろう．その際，

10.1 多成分多相系

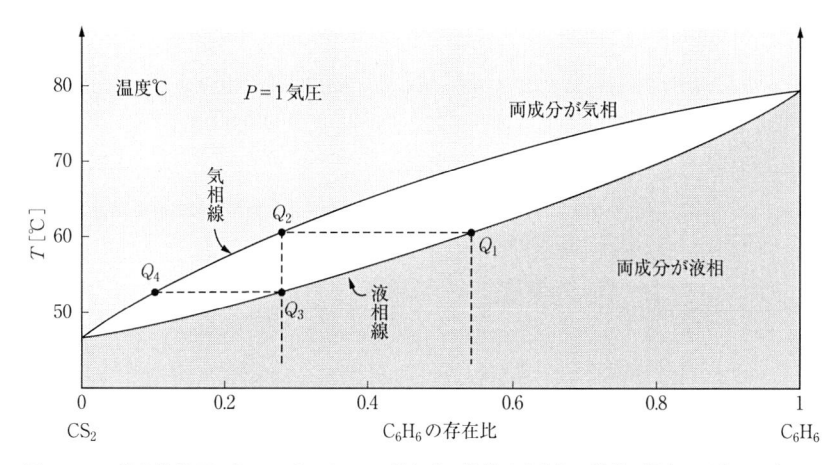

図 10.1 二硫化炭素 CS_2 とベンゼン C_6H_6 の混合系．横軸は成分比，縦軸は温度．圧力は 1 気圧である．下の曲線が液相線で，ここから下では，両成分が液相である．この線自体は，その成分比の溶液が沸騰する温度を示す．上の曲線が気相線で，ここから上では，両成分が気相である．この線自体は，その成分比の混合気体が凝縮する温度を示す．他方，その中間部は液相気相共存の状態である．

まず，この相律のことを，考慮して，研究に取り組んでもらえれば幸いである．

10.1.3 ギブス-デュエムの法則の多成分版

ここで，ギブス-デュエムの法則を多成分系に拡張する．成分の違いを j で表す．つまり，成分ごとに，粒子溜が用意されていて，各の化学ポテンシャル μ_j も決められている場合である．第7章で述べた1成分系の場合の拡張ではあるが，意味するところは，もっと混合物にとって本質的である．

これは，

$$S\,dT - V\,dp + \sum_j N_j\,d\mu_j = 0 \tag{10.4}$$

という関係である．これは，示強変数 T, P, μ_i の間にある関係で，これらは自由には与えられず，拘束されていることを意味している．ここで，外部から操作して変化させるのは，一般には示量変数 S, V, N_i である．なお，エントロピーを変化させるとは，実験的には，熱量 Q を出入りさせることを意味している．

また，このギブス-デュエムの式は温度差を与えるとエントロピーが流入流出，すなわち熱量が出入りする．そして，圧力差を与えると体積が増加したり減少したりする．それらと同じように，化学ポテンシャル μ_j の差を与えると j 成分の

粒子が流入流出することを意味している．それらの出入りの関係がこの式で縛られているのである*1)．

この関係式を証明をしよう．第7章でも記述したことが多いが，多成分の意味を論じたいので，記述の重複は問わないとする．ギブスの自由エネルギー G は温度 T，圧力 P，各成分 j の分子数 N_j の関数であるが，このなかで，示量的な量は，各 N_j なので，系の大きさを α 倍すると，

$$G(T, P, \alpha N_j) = \alpha G(T, P, N_j) \tag{10.5}$$

である．そこで，この式を α で微分した後，$\alpha = 1$ と置くと

$$\sum_j N_j \left(\frac{\partial G}{\partial N_j} \right)_{T, P, N_{j'}} = G \tag{10.6}$$

が得られる．添え字の $N_{j'}$ は，j 以外の成分を一定にしておくことを意味する．これは，当然のことながら1成分とはかなり違う．他成分からの影響を常に受けているのである．

ところが，

$$\left(\frac{\partial G}{\partial N_j} \right)_{T, P, N_{j'}} = \mu_j$$

なので，

$$G = \sum_j N_j \mu_j \tag{10.7}$$

すなわち，

$$dG = \sum_j N_j \, d\mu_j + \sum_j \mu_j \, dN_j \tag{10.8}$$

である．他方，

$$dG = -S \, dT + V \, dP + \sum_j \mu_j \, dN_j \tag{10.9}$$

なので，これら2つの dG の表現を合わせると，証明すべき式が得られる．

この証明方法は第7章で行ったことの自然な拡張であるが，持っている意味は大変深い．まず，各成分の量 N_j は独立ではないことを示している点に注意してほしい．特に，定圧，定温下では

$$\sum_j N_j \, d\mu_j = 0 \tag{10.10}$$

と記述される．

---

*1) 化学ポテンシャルというものが解放系の物性化学物理を記述する根幹となる能力を持っていることがよくわかる．

10.2 多成分混合系における部分モル量——一般の場合

一般に混合というものは，それぞれの成分の性質に，混合による影響が加わるので，複雑である．実際，多成分系では，成分1が n モル，成分2が m モルの混合物全系の示強的変数 Y（例えば内部エネルギー）を，各成分が純粋に1成分として存在する時の，モルあたりの Y つまり y_1^{pure} と y_2^{pure} を使って

$$Y(n,m) = n y_1^{\text{pure}} + m y_2^{\text{pure}} \tag{10.11}$$

と書くことは出来ない．第7章で扱った1成分のような単純なものではない．この点をまず，体積 V という「変化が直接，目に見えるもの」で，まず感覚をつかんでみよう．

10.2.1 ゴマを混ぜた大豆の体積は？

そこで，台所実験をしてみよう．ゴマ100粒40ccと大豆100粒100ccを用意しよう．（考えやすいように数値を調節しています．）1つの容器にゴマと大豆を少しずつ加えていく．大豆の30%，ゴマの70%を加えると体積はどうなるだろう．純粋の場合と変わらないとすると，0.3対0.7で与えるので，100 cc×0.3 + 40 cc×0.7 = 30 cc + 28 cc で 58 cc になる．同様に 0.4 対 0.6 で混ぜると 100 cc×

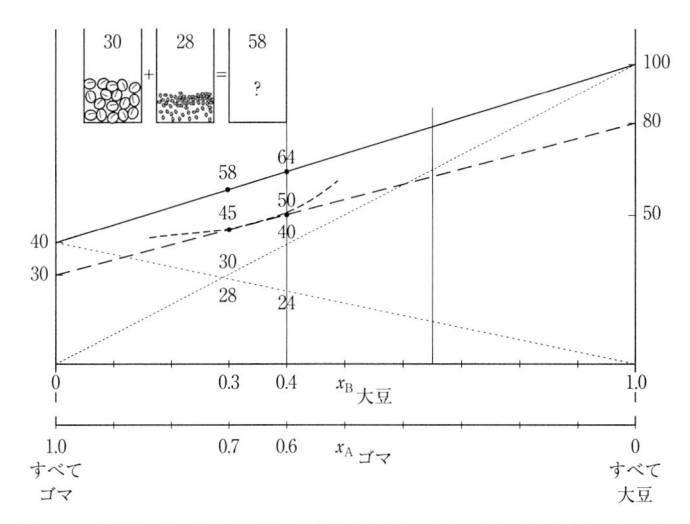

図10.2 大豆とゴマを混ぜた時の体積を成分比で表す．それぞれ純粋の時の体積を単に成分比で分配したものより，小さくなっている．

0.4+40 cc×0.6=40 cc+24 cc で 64 cc である.

図 10.2 を見てほしい．実際は，大豆の間にゴマが入りこむ．その結果，図のように，45 cc, 50 cc になってしまった．ゴマと大豆が，現実に分担している体積はどの位であろうか．そこで，図 10.1 において，観測した 2 点を結ぶ直線を引く．それが，$x_B=0$ と交わった点（y 切片）を v_A^* とする．30 cc だ．また，$x_A=0$ と交わった点（y 切片）を v_B^* とする．80 cc だ．この値を使うと，それを 0.3 対 0.7 に分配すると 80 cc×0.3+30 cc×0.7=24 cc+21 cc で 45 cc になっている．また，0.4 対 0.6 に分配すると 80 cc×0.4+30 cc×0.6=32 cc+18 cc で 50 cc になって，観測値を再現している．

というわけで，v_A^* が，現実に混じり合っている時のゴマの 100 粒あたりの分担体積であり，v_B^* が大豆 100 粒あたりの分担体積である．この値は，ゴマと大豆の比で当然変わってくる．図 10.2 の例では x_B が 0.3 から 0.4 の範囲で有効である[*2]．

ゴマと大豆の話をここまでとしよう．これを，体積をギブスの自由エネルギーと言い換え，ゴマを成分 A，大豆を成分 B と言い換えて式に乗せよう．読者は，同じ話だ，と気がつくであろう．

さて，式（10.7）で化学ポテンシャル μ_1, μ_2 をモル当量 g_A, g_B で表すと，

$$G(T, P, n_A, n_B) = n_A g_A + n_B g_B \tag{10.12}$$

となる．そこで，式（10.8）に対応して，形式的には

$$dG(T, P, n_A, n_B) = n_A\, dg_A + n_B\, dg_B + g_A\, dn_A + g_B\, dn_B \tag{10.13}$$

となる．一方，定義から，$(\partial G/\partial n_A) = g_A$, $(\partial G/\partial n_B) = g_B$ なので，

$$dG(T, P, n_A, n_B) = g_A\, dn_A + g_B\, dn_B \tag{10.14}$$

である．ここで，式（10.13）の右辺第 1 項と第 2 項の和については，前節の式（10.10）より，ゼロであることを用いた．

さて，この式を $n_A + n_B$ で割ると，変数 n_A, n_B は，存在比 x_A, x_B で表記される．$x_A + x_B = 1$ に注意しよう．そこで，G を x_B で微分した，

$$\left(\frac{\partial G}{\partial x_B}\right)_{T, P} \tag{10.15}$$

を作ってみよう．これは，

[*2] この考え方は示量的な量なら成り立つわけで，本当に化学的な 2 成分系の体積であってもよい．水 1 モルの体積 v_1 とアルコール 1 モルの体積 v_2 としても，両者を併せた，水 1 モル，アルコール 1 モルの体積は v_1+v_2 ではない．実際，水 1 l とアルコール 1 l を混ぜると，両者はよく混ざり合い 1.93 l になってしまう．

$$+g_\mathrm{A}\left(\frac{\mathrm{d}x_\mathrm{A}}{\mathrm{d}x_\mathrm{B}}\right)+g_\mathrm{B}\left(\frac{\mathrm{d}x_\mathrm{B}}{\mathrm{d}x_\mathrm{B}}\right) \tag{10.16}$$

になるが，第1項目と第2項目に関して，$(\mathrm{d}x_\mathrm{A}/\mathrm{d}x_\mathrm{B})$ は $x_A+x_B=1$ より -1 で，$(\mathrm{d}g_\mathrm{B}/\mathrm{d}x_\mathrm{B})$ はもちろん 1 である．結局，

$$\left(\frac{\partial G}{\partial x_\mathrm{B}}\right)_{T,P}=g_\mathrm{B}-g_\mathrm{A} \tag{10.17}$$

を得る．この両辺へ x_B をかけ，できた右辺に $x_\mathrm{A}g_\mathrm{A}$ を足して引くと，

$$x_\mathrm{B}\left(\frac{\partial G}{\partial x_\mathrm{B}}\right)_{T,P}=x_\mathrm{B}g_\mathrm{B}-x_\mathrm{B}g_\mathrm{A}=(x_\mathrm{B}g_\mathrm{B}+x_\mathrm{A}g_\mathrm{A})-(x_\mathrm{A}g_\mathrm{A}+x_\mathrm{B}g_\mathrm{A}) \tag{10.18}$$

右辺の $x_\mathrm{B}g_\mathrm{B}+x_\mathrm{A}g_\mathrm{A}$ は G であり，最後の項は，$x_\mathrm{A}+x_\mathrm{B}=1$ より，右辺全体は $G-g_\mathrm{A}$ になっている．G を左辺に移項すると，

$$G(T,P,x_\mathrm{A},x_\mathrm{B})=x_\mathrm{B}\left(\frac{\partial G}{\partial x_\mathrm{B}}\right)_{T,P}+g_\mathrm{A} \tag{10.19}$$

が得られる．つまり，横軸を x_B，縦軸を $G(x_\mathrm{B})$ としてグラフに描くと，直線になり，勾配が $\partial G/\partial x_\mathrm{B}$ であり，G の y 切片が g_A になっている．同様にして，この直線と $x_\mathrm{A}=0$ の鉛直線との交点が g_B を与えることも示せる．これは，バフウィス-ローズブーン（Bakhuis-Rooseboom）の切片法と呼ばれている[*3]．

以上によって，ゴマと大豆の話で，測定の2点を結んだのは，微分係数を求めていたのである．それが，x_B が 0.3 と 0.4 の間の勾配で求めたので，この範囲で，正しく，観測量が再現出来たのであった．

g_A, g_B はその成分比率で存在している時の現実に分担しているギブスの自由エネルギーのモルあたりの量なのである．もはや，1成分系の単純な拡張ではすまない．むしろ，2成分系では，AB間の相関関係を含んだ，新しい概念の量だというべきかもしれない[*4]．

ここまで論じると，部分モルあたりのギブスの自由エネルギー，$g_\mathrm{A}(T,P,n_\mathrm{A},n_\mathrm{B})$，$g_\mathrm{B}(T,P,n_\mathrm{A},n_\mathrm{B})$ を使って，それぞれを μ_A, μ_B と表記して，混合系のギブスの自由エネルギーを

$$G(T,P,n_\mathrm{A},n_\mathrm{B})=n_\mathrm{A}\cdot\mu_\mathrm{A}+n_\mathrm{B}\cdot\mu_\mathrm{B} \tag{10.20}$$

[*3] 解説は，妹尾 学『熱力学』[32] に詳しい．本書では，この本の第2章の議論を独自の観点から書き換えてある（本質は変わらない）．なお，この本はもちろん名著であるが，著者の深い見解を行間から読み取るには，ある程度の予備的知識が必要である．同じことであるが，幾何学的方法での説明が，塩井章久『物理化学1』[20] にもある．

[*4] まえがきでも触れたが，これを，単純な拡張であるかのような説明（間違っているわけではない）が多いので注意してほしい．

という表記の本質が理解されたと思う．ここで，μ_A, μ_B は AB 間の密接な相関関係を色濃く含んでいるのである[*5]．

10.3 理想混合における部分モル量

第 6 章で述べた理想混合の場合は前節の議論は極めて簡単になる．示強的変数 Y のなかで，エントロピーを含まない量，U, V, H などは，式（10.9）で示した

$$Y(n, m) = n y_1^{\text{pure}} + m y_2^{\text{pure}} \tag{10.21}$$

と表せる．これは，混合において，定圧変化のもとでの熱量変化を与える ΔH が 0，つまり，発熱（あるいは吸熱）がないことを示しており，現実に当てはまる系に対しては，「無熱溶液」と呼ばれている[*6]．

他方，エントロピーを含む自由エネルギー F, G は理想混合のエントロピーの形でその寄与がある．その寄与は，式（6.15）より，

$$k_B N T (x_1 \log x_1 + x_2 \log x_2) \tag{10.22}$$

という形をしている．ここで，x_1, x_2 は各成分のモル分率である．化学ポテンシャルはこれを $n_i = N x_i$ で偏分したものなので，$k_B T \log x_i$ である[*7]．

10.3.1 非理想混合系の扱い方

一般に，非理想混合において，理想混合からのズレを 1 つのパラメータで表せ

[*5] アルコールは水によく溶けるように，サラダ油のような油にもよく溶ける．それでは，アルコールを希薄に含む水とアルコールを希薄に含むサラダ油が接していると何が起こるであろうか．まず，水と油は混ざらないので分離している．しかし，油から水へアルコールが移動してくる．2 成分系としての油のなかの希薄なアルコールの化学ポテンシャル μ_A^{oil} は，2 成分系としての水のなかの希薄なアルコールの化学ポテンシャル μ_A^{water} に比べて高い．そのため，化学ポテンシャルの低い，水の中の方へ移動してしまうのである．逆に，2 つの系が接した場合に移動の方向を与えるものが化学ポテンシャルともいえる．この μ_A^{water} が μ_A^{oil} より低い理由は，アルコール分子と水分子間に静電的な引力が生じるからである．これは「水和」（溶媒和の一種）と呼ばれている．詳しくは第 13 章で述べる．

[*6] 10.2.1 項で紹介した大豆とゴマの例では体積の違いによって，大豆の隙間へゴマが入り込む効果があるので，決して理想混合ではなかったのである．

[*7] ここで，エントロピーについては，理想混合のままとして，H が混合において変わる溶液も考えられる．それを正則溶液と呼ぶ．Hildebrand が提案したモデルである．実際そのような現実の系もある．理論的には，格子モデルがそれに当てはまる．格子への分配によるエントロピーが，単純な場合の数で表せるので，理想混合と同じになるが，格子点におけるエネルギーの和である全内部エネルギー U は着目格子点の成分と隣の格子点の成分の組み合わせによって，いろいろ異なることになる．これは，固体物理学における，ブラッグ-ウイリアムズ（Bragg-Williams）の合金理論と密接な関係がある．

て，しかも，化学ポテンシャルの表式が理想混合系に準じて，巧みに使えると便利である．この観点から，化学ポテンシャルの表式の $\log x_i$ において，$\log x_i f_i^A$ に置き換えて表現する扱いがよく行われている．この f_i^A を活動度係数（activity coefficient）と呼ぶ．また，$x_i f_i$ を成分 i の活性度という．活性度の「活性」とは，i 成分が他成分との混合において，他成分との相関関係において呈する個性を示していることによっている[*8)20)]．

10.4　希薄線形領域での混合—化学ポテンシャルに与える効果

さて，ここでは，希薄極限において，混合の効果を，化学ポテンシャルの変化という視点で記述してみよう．溶媒の化学ポテンシャルの変化が，溶質の濃度に対して線形である範囲の議論である[24)]．

ここで，第6章の混合によるエントロピーの増大の式（6.12）へもどろう．

$$\frac{\Delta S}{k_B} = N_A \log \frac{V}{V_A} + N_B \log \frac{V}{V_B} = N_A \log \frac{N_A + N_B}{N_A} + N_B \log \frac{N_A + N_B}{N_B} \tag{10.23}$$

この式において，溶質 B に対して溶媒 A が希薄であるという条件，すなわち，A 分子が充分に多く，B 分子が少ない場合を考える．$N_A = N, N_B = n$ と置くと，

$$\Delta S = k_B \left\{ N \log\left(1 + \frac{n}{N}\right) + n \log\left(1 + \frac{N}{n}\right) \right\} \tag{10.24}$$

となるが，ここで，n/N の 1 次までとると

$$\Delta S = k_B \left\{ N \cdot \frac{n}{N} + n \log \frac{N}{n} \right\} = k_B n \left(1 + \log \frac{N}{n} \right) \tag{10.25}$$

になる[*9)]．

この場合，これを 1 分子の変化でどう変わるかという量

$$\frac{d\Delta S}{dN} = k_B \frac{n}{N} \tag{10.26}$$

---

*8)　活性の導入には化学の歴史的発展，研究展開において深い必然的意味があることを承知の上で，非標準的な観点から文を書きました．

*9)　この形自体は，希薄混合の極限で現れる表式であって，理想混合に限らない．一般の非理想混合の場合，希薄極限で，この式が得られることを導く方が一貫性があるかもしれない．事実，化学のテキストではそのような記述が多い．ここでは，非理想混合になじみの少ない読者（物理学系学生）に対して，説明を簡明にするため，理想混合の式から導いた．非理想混合からの導出についての参考文献は杉原剛介，井上　亮，秋原英雄著『化学熱力学中心の基礎物理化学（改訂第2版）』[26)]．

が重要である．もちろん正（増加量）である．実際，これは化学ポテンシャル μ が混合によってどう変化するかという量でもある．自由エネルギーが一定温度 T のもとではエントロピー増大 ΔS が $-T\Delta S$ という減少（安定化）の効果を及ぼすことを考えると，化学ポテンシャルは低下する．

他方，定温定圧条件での平衡条件は，化学ポテンシャルが等しいということなので，もし系（詳しくいうと，溶媒）が，混合の系と非混合の系に分かれている場合は，なにか，埋め合わせ（補償）の働きが生まれるはずである[26]．その代表的な例が浸透圧である．

10.4.1 浸透圧

浸透圧の問題は，物理学，化学，生物学，医学，応用工学共通の課題である．多くの分野の多くの本に載っているが，混合における化学ポテンシャルの視点から論じてあることはあまりないので，それを紹介する[*10]．

図 10.3 に描いてあるように，中央の仕切りが半透膜で，溶媒は通れるが，溶質は通れないとする．左右の箱が同じ体積とする．右の箱内では，混合によって，化学ポテンシャル μ は $-n/N$ だけ変化（減少）しているはずである．ところが，左の箱内の化学ポテンシャルは混合していないので，純粋の場合と同じである．しかし，平衡状態では釣り合っていなければならない．結局，右の化学ポテンシャルは，圧力増加によって，増加させていることになる．

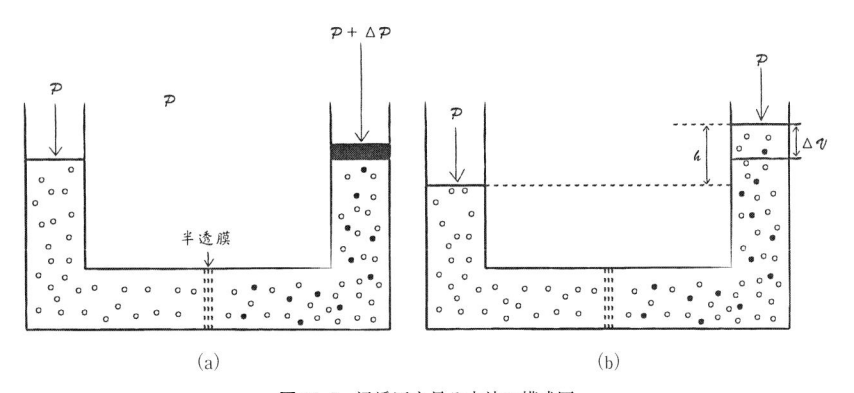

図 10.3 浸透圧を見る方法の模式図

[*10] 参考文献は木原太郎『化学物理入門』[24] および氏の講義．氏は「宇宙も分子も同じ，量子論も導波管理論も共通」と言いつつ，深い見識で受講者を魅了する古典的に偉大な物理学者の一人．

$$+\frac{\partial \mu}{\partial P}\Delta P - k_\mathrm{B} T \frac{n}{N} = 0 \tag{10.27}$$

となっている．ここで，$\partial \mu / \partial P$ は純粋な系では1分子あたりの体積 v にあたることを考えると，右の箱内の圧力増加として

$$\Delta P = \frac{nkT}{Nv} = \frac{nk_\mathrm{B}T}{V} \tag{10.28}$$

が得られる．これを浸透圧という．実際は，箱の形が自由に変えられる大気圧下で実験することが多く，浸透圧は体積増として観測される．

上の式をファントホッフ（van't Hoff）の式という．この式で浸透圧 ΔP は溶質分子数に比例している．これは理想気体の式での圧力と同じである．さて，それはなぜだろうか．それは溶媒のなかで，溶質があたかも，自由運動する「気体分子」のように振る舞うからである[11]．この扱いでは，溶質の個性は問題ではなく，単に溶質分子の個数（密度）だけが，効果に効いてくる．これも束一性（colligative）である[12,13]．

10.5 相変化における混合エントロピーの効果―沸点上昇と凝固点降下

溶質が溶媒に溶け込んだ溶液が気体になる場合もこのエントロピー効果による効果が起こる．今度は，液相と気相の相変化に大きな影響を与える．相変化においては気相の化学ポテンシャル μ_G 液相の化学ポテンシャル μ_L は同じになっている．

$$\mu_\mathrm{G}(T,P) = \mu_\mathrm{L}(T,P) \tag{10.29}$$

---

[11] これは，溶質分子が半透膜をたたいているためと解釈している本もあるが，むしろ，エントロピー的な力である証拠である．といっても，半透膜をたたくという言い方も，理想気体の場合も，気体の膨張がエントロピー的な力であるのを承知の上で，「分子が壁をたたくため」と記述するのと同じ程度には「妥当」ではある．定性的な説明の直観性と定量的な議論の織りなす化学物理の妙を味わってほしい

[12] 希薄溶液における混合の効果を混合エントロピーによって説明することは，ほとんどの場合，非電解質でうまくいっている方法である．第8, 9章で論じたような電解質溶液では，混合エントロピーの効果によって説明出来る領域はあるが，著しく薄い場合のみである．電解質では分子はイオン化しているので，静電エネルギーの寄与が重要になってくる．実際正イオンの周りにはおおよそ水分子1〜2個分の範囲に陰イオンが集まって集団化している．その場合，付録に紹介したデバイ-ヒュッケルの理論のような扱いが必要になる．

[13] 日常生活でも漬け物などに浸透圧の効果を巧みに使っている．読者諸君，何げない日常生活の中で浸透圧の現象を発見してください．明日焼いて食べる予定の魚を冷蔵庫に入れる時，軽く塩をふっておいて次の日焼くと旨味が出るのはなぜだろう．単に塩味がつくだけでしょうか．カレーは作った次の朝が味がなじんで旨いと感じるのはなぜでしょう．「味がなじむ」とは何でしょう．

ここで混合が起こると，液相の化学ポテンシャルは混合の効果の項がつく．そこで，気相の化学ポテンシャルも液相の化学ポテンシャルも温度 T が変化して，

$$\mu_\mathrm{L}(T+\Delta T, P) - kT\frac{n}{N} = \mu_\mathrm{G}(T+\Delta T, P) \tag{10.30}$$

となって釣り合っている．つまり2相が共存する温度が変化している．この2つの式から，温度変化の1次までとると，

$$\frac{\partial \mu_\mathrm{G}}{\partial T}\Delta T - k_\mathrm{B} T \frac{n}{N} = \frac{\partial \mu_\mathrm{L}}{\partial T}\Delta T \tag{10.31}$$

となる．液相でも気相でも $\partial \mu_\mathrm{L}/\partial T = -s$ (s は1分子あたりのエントロピー) より，

$$(s_\mathrm{G} - s_\mathrm{L})\Delta T = k_\mathrm{B} T \frac{n}{N} \tag{10.32}$$

を得る．左辺は気化熱 q である．そこで，

$$\frac{\Delta T}{T} = \frac{k_\mathrm{B} T}{q} \frac{n}{N} \tag{10.33}$$

が成り立つ．溶けている分子数に比例して，温度が上昇することがわかる．2相共存状態が沸点なので，沸点温度が上昇していることを意味している．これは，溶けている分子の数だけが効いているのでモル沸点上昇と呼ばれている．すなわち，不純物として何を加えたかではなく，どのくらいの量（モル）を加えたかによって決まる．つまり，束一性（colligative）である[*14]．

10.5.1 モル凝固点降下

これは，前項において，気相 G の代わりに固相 S にすればよい．液相の凝固点の温度が T から $T+\Delta T$ に変わるとする．形式的に，沸点上昇の式と同じであるが，気化熱 q に対して，凝固熱というのは，融解熱の符号を変えてマイナスにしたものになっているはずである．あくまでも液相が主役である．そこで，融解熱を q_m とすると

[*14] 直観的に説明しよう．溶液としては，溶媒である水が沸騰によって失われることは，濃度が濃くなってエントロピーを減らされることを意味する．そこで，沸騰を押さえて，エントロピーの減少を防ぐのである．沸騰という状況なので，外部から熱エネルギーがどんどん入り込んでくるので，水は気体になろうとしているが，それがエントロピー効果で妨害されてしまうのである．結果として，純粋な水よりも，何かが溶け込んでいる溶液の方が沸点が高くなる．実際は溶液表面で溶媒の気化を妨げるメカニズムもあるので複雑である．

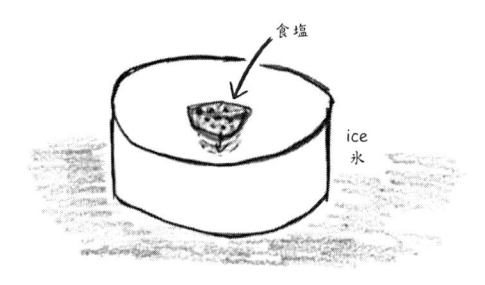

10.5 相変化における混合エントロピーの効果   97

図 10.4 氷の上面の中央に食塩を置いてみよう．数分から 20 分の間に起こる変化を観察しよう．

$$\frac{\Delta T}{T} = -\frac{k_B T}{q_m}\frac{n}{N} \tag{10.34}$$

になってくる．つまり，凝固点は下降するのである．

この直観的説明も容易である．溶質（食塩としよう）が溶媒（水としよう）に溶けた状態で温度を冷やすと，水が氷になろうとする．ところが溶液としては，液体の水が減ってしまうと結果的に塩分の濃度が濃くなってエントロピーが下がってしまう．そこで，水が凍るのを妨げてしまうのである．

また，凍っている氷に塩をかけると，その部分が濃厚な食塩水になる．そのため，エントロピーを増大させようという効果によって，氷を溶かして食塩水を薄めることになる．氷の上に食塩を置いてみよう．図 10.4 にその様子を描いてある[*15]．数分で，その部分の氷が溶けてくる[*16]．つまり，溶媒の固体が溶液と平衡にあるとき，溶液にさらに溶質を加えたことになる．すると，凝固する温度が低下して，溶媒の固体が液体になってしまう[*17]．

10.5.2 飽和蒸気圧減少

飽和蒸気圧が 1 気圧に達した温度を沸点という．そのため，1 気圧下（一定圧力下）で沸点が上昇することは，一定温度のもとで，飽和蒸気圧が減少すること

[*15] 円盤上の氷がよい．紙コップに水を入れて凍らせると便利である．紙を破って取り出して使える．
[*16] 氷という固体の上のわずかな水の部分に食塩が入ると濃厚な食塩水になる．そこで，それが薄まろうとして，氷から水分が補給されるのである．食塩水がエントロピーを増大させようという効果である．
[*17] この凝固点降下も，エントロピー効果なので，何を混ぜたかではなく，どの位の量を混ぜたかによっている．また，それが混ぜられた時に，中性分子か，イオンでいるかにもよらない．そこではイオン化によって全体の「基本構成要素」が増す方が効果が大きい．このような，「基本構成要素」の個数で決まることを，束一性と呼んでいる．実際，$CaCl_2$ はイオン化して，$CaCl_2 \rightarrow Ca^{2+} + 2Cl^-$ になるため，効果が大きいので，凍結防止剤として，道路などに使われている．

を意味している．ここでも，溶媒の液相の化学ポテンシャル μ_L が純粋溶媒の気相の化学ポテンシャル μ_G に等しいことを使う．溶媒の飽和蒸気圧を P が混合によって $P+\Delta P$ に変わるとすると，

$$\mu_\mathrm{L}(T, P+\Delta P) - k_\mathrm{B}T\frac{n}{N} = \mu_\mathrm{G}(T, P+\Delta P) \tag{10.35}$$

となる．やはり ΔP の1次をとると，

$$\frac{\partial \mu_\mathrm{L}}{\partial P}\Delta P - k_\mathrm{B}T\frac{n}{N} = \frac{\partial \mu_\mathrm{G}}{\partial P}\Delta P = 0 \tag{10.36}$$

が得られ $\partial \mu_\mathrm{L}/\partial P = v$ を使うと

$$-(v_\mathrm{G} - v_\mathrm{L})\Delta P = k_\mathrm{B}T\frac{n}{N} \tag{10.37}$$

が成り立つ．v_G は液相の1分子あたりの体積で，v_L は気相の1分子あたりの体積である．気相を理想気体の状態方程式を使って，$v_\mathrm{G} = kT/P$ と置くと，

$$\frac{\Delta P}{P} = -\frac{n}{N} \tag{10.38}$$

と記せる．これはラウール（Raoult）の法則である．混合によって飽和蒸気圧がもともとの飽和蒸気圧 P に混合比 n/N をかけたものだけ減少するという性質を表している．

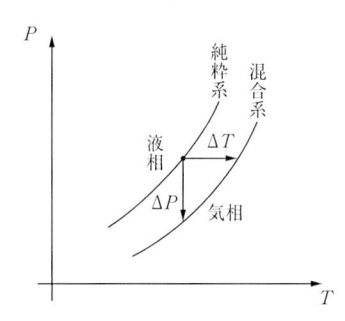

図 10.5 そもそも飽和蒸気圧減少によって，沸点上昇が起こるとも考えられるので，両者を結びつける式変形が可能なはずである．その手がかりが，クラペイロン–クラウジウスの関係式である．いろいろな実験，現象に応じて，様々な用語が出てくるが，本質において同じことを語っているという点を学び取ってほしい．

ある混合比において，蒸気圧降下を $|\Delta P|$，沸点上昇を ΔT と置くと，その比 $|\Delta P|/\Delta T$ は，まさしく飽和蒸気圧 $P(T)$ を表す2相共存曲線の傾き dP/dT になっているからである．実際，$(v_\mathrm{G} - v_\mathrm{L}) = -k_\mathrm{B}T(n/N)\cdot(1/\Delta P)$ を式 (7.31) の式の分母である体積変化に代入すると $T/\Delta T = qN/k_\mathrm{B}Tn$ となり，これは両辺の逆数をとると沸点上昇の式になっている．

11. 化学平衡の記述
——成分間で反応が起こる場合

11.1 化学平衡—多成分が分子の組み替えをしつつも平衡である条件

この章では化学平衡状態を扱う．これは，各成分が共存しつつ，かつ化学反応式に応じて，分子の組み替えによって，変化する場合である[33]．ここでは相は1つとする．

例として，

$$H_2 + I_2 = 2HI \tag{11.1}$$

を考えよう．気相の水素分子と気相のヨウ素分子が結合して，気体のヨウ化水素になる反応である．これは，右から左への反応が発熱反応であることが知られている．発熱反応であるということは，反応が進んだ方が，エネルギー（低圧なので，正確にはエンタルピー）が低いことを意味している．しかし，水素分子とヨウ素分子を常温で置いておいても，反応はほとんど進まない．その問題はこの章の後半で論じよう．まずは，平衡状態になった時のあり方を述べよう．

11.1.1 反応進行度

この反応には，3種の分子が関与しているが，独立な変数が3ではない．この反応式という制約があり，1つの水素分子と1つのヨウ素分子が消えて，はじめて2つのヨウ化水素が形成されるからである．

つまり，化学反応は，いかに複雑な化学式の分子が，数多く関与していても，反応の進行は，化学式に記述された，係数の比でしか，進まない．ということは，反応進行を記述する自由度は1つですむはずである．それが，変化したモル数を化学式の係数で割った量を微小変化量とする量であって，反応進行度（extent of reaction）である[*1]．

平衡に達しているということは，反応進行度に対して全系のギブスの自由エネルギーが極小になっていることを意味している．その状態では，マクロに見ると，反応の進行によって，これ以上ギブスの自由エネルギーを下げられないので，見

[*1] 定義だけ書いてあって，それを導入した意義が書いてない本もあるので，注意してほしい．

かけ上（つまり巨視的には）反応が止まっている．言い換えると，それぞれの分子の数（モル数）が不変になっていることを意味している．化学ポテンシャルの言葉を使うと，消失物の化学ポテンシャルの総和が，生成物の化学ポテンシャルの総和と等しいことを意味している．というのは，もし，後者の方が小さいと，どんどん生成物を作り，前者の方が小さいとどんどん消失物を作るからである[*2]．式で表すと

$$\mu \mathrm{H}_2 + \mu \mathrm{I}_2 = 2\mu \mathrm{HI} \tag{11.2}$$

である．化学ポテンシャルを他の状態へ分子を押しつける能力と考えると自然である[*3]．

11.2 化学平衡係数

平衡に達するということの意味を理解しよう．なお，これは，最終的に到達する状態を与えるものである．そこへ到達するに要する時間については述べていない．測定できない程の短時間のこともあるし，数千年のこともある．この点については11.3節の反応速度のところで論じる．

11.2.1 質量作用の法則

定性的な説明が可能である．図11.1を見てほしい．化学反応は関与する分子

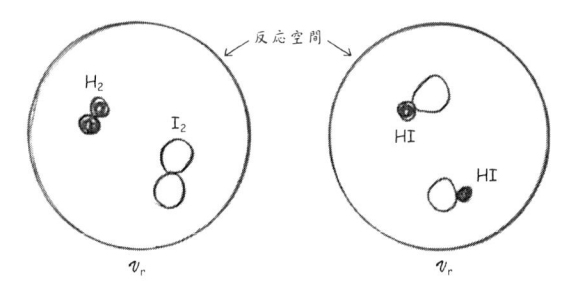

図11.1 水素分子とヨウ素分子がある反応空間に集まると反応する．逆反応も同様に，2つのヨウ化水素が集まって組み替え反応が起こる．

[*2] 後者の化学ポテンシャルと前者の化学ポテンシャルが同じになったところで見かけ上の反応が止まってしまうことになる．

[*3] ただし，この平衡状態においても，粒子一つ一つを見微視的に観察していれば，ミクロに反応は起こっている．つまり，右から左への反応と左から右への反応が同じ確率で起こっているため，巨視的には変化していない状態になっている．

がその化学式の比で，反応領域に集まる確率に比例して起こると考えると直観的に解釈される．反応式 (11.1) において，単位の体積のなかで，右から左への反応の割合 $P_{L \to R}$ は，水素分子とヨウ素分子がある局所的空間 v_r に集まる確率 $\rho_{H_2} \cdot \rho_{I_2}$ に比例しているであろう．そこで，$P_{L \to R} = C_{L \to R} \times \rho_{H_2} \cdot \rho_{I_2}$ と表そう．また，左から右への反応の割合は $P_{R \to L}$，ヨウ化水素分子が2つがその局所的な反応空間 v'_r に集まる確率 ρ_{HI}^2 に比例していると考えられる．そこで，$P_{R \to L} = C_{R \to L} \times \rho_{HI}^2$ と表す．それらが釣り合った時，つまり，$P_{L \to R} = P_{R \to L}$ となっているのが平衡状態である．というわけで，その平衡状態を与える式は

$$C_{L \to R} \times \rho_{H_2} \cdot \rho_{I_2} = C_{R \to L} \times \rho_{HI}^2 \tag{11.3}$$

になる．これから，密度比の表式

$$\frac{\rho_{HI}^2}{\rho_{H2} \cdot \rho_{I2}} = \frac{C_{L \to R}}{C_{R \to L}} = K(T, P) \tag{11.4}$$

が求まる．ここで $K(T, P)$ は平衡定数といわれ，化学反応固有の定数で温度，圧力だけの関数である．個々の1分子の持つ基礎的性質で決まり，個々の濃度にはよらないはずである．この性質を，質量作用の法則という[*4)]．

11.2.2 理解を深めるための計算例

前項の化学反応をある温度 T，圧力 P で行わせる．まず，水素分子 0.72 モル，ヨウ素分子 0.84 モルを反応させたところ，平衡状態でヨウ化水素が 1.20 モル出来たとする．平衡定数 $K(T,P)$ は体積を v として，

$$\{(1.20/v)^2\}/\{(0.12/v) \times (0.24/v)\} = K(T,P) = 50 \tag{11.5}$$

となる．次に，この温度，この圧力で，初めに水素分子 1.0 モル，ヨウ素分子 1.0 モルを与えると平衡状態では，何モルのヨウ化水素が出来ているかを求めよう．ヨウ化水素が x モル出来たとすると，反応した水素分子は $x/2$ モル，ヨウ素分子は $x/2$ モルである．つまり，平衡状態で残っている水素分子は $1.0 - x/2$ モル，ヨウ素分子は $1.0 - x/2$ モルである．そこで，$K(T,P) = 50$ を与える式は

$$\{(x/v)^2\}/\{(1.0-x/2)/v \times (1.0-x/2/v)\} = K(T,P) = 50 \tag{11.6}$$

が得られる．これは，x についての2次方程式になって，解は，実根として，1.6 と 2.8 の2つある．しかし，水素分子 1.0 モル，ヨウ素分子 1.0 モルからヨウ化水素を2モル以上作ることは不可能なので，1.6 の方を採用する．

[*4)] この用語は low of mass action の翻訳語であるが，誤訳であろう．mass は質量ではなく集団を意味する．つまり，集団的反応の法則にすべきであった．

11.2.3 平衡定数の起源

そこで，この平衡定数の起源にアプローチしてみよう．例えば，化学反応
$$A+B=C+D \tag{11.7}$$
を考える．A 分子と B 分子が衝突して反応するための条件として，密度 n_A の分子集団を作り，速さ v で，密度 n_B の分子集団にぶつかり，その結果生じる，時間 Δt の間に，単位体積あたりに衝突する回数 Ω は，A 分子と B 分子の半径の和を d として

$$\Omega = \pi d^2 v \, \Delta t n_B \times n_A \frac{1}{\Delta t} = \pi d^2 v n_B n_A \tag{11.8}$$

となる．11.2.1項の $C_{L \to R} \times \rho_{H_2} \cdot \rho_{I_2}$ に対応するものである（ここでは，単位をきちんと定めている）．

これを数値で求めてみよう[*5)]．結果は，おおよそ 10^{-8} 秒となる．これは，ありえないほど短時間というわけではないが，普通の化学反応時間，0.1秒（爆発的反応）から1月（3×10^6 秒）くらい（サビなど）とはあまりに長さが違う．

そこで，この差は，衝突しても，反応が起こまでには，かなり大きな減衰因子があると予想される．実際，反応の進行には，ポテンシャルの山 E^* があって，そこを熱運動によって乗り越えることは極めて制限されて小さくなる，そして，その山は第5章の議論より，「ボルツマン因子の形をしている」と考えるのが自然である．

この問題は，反応の動力学という分野の研究により，その形は精密に導出されて研究されている．ここでは，もっとも基本的な方法で求めてみよう．

第5章で議論した，理想気体の分子運動論で得られた，分布関数を用いて，並進の運動エネルギー E_t を持つ分子集団において，エネルギーが E_t と $E_t + dE_t$ の間にある分子の分布は $\mathcal{F}(E_t)$ は式 (5.23) で，

$$\mathcal{F}(E_t)dE_t = 2\pi \left(\sqrt{\frac{1}{\pi k_B T}}\right)^3 \sqrt{E_t} \exp\left(-\frac{E_t}{k_B T}\right) dE \tag{11.9}$$

と求まっている．ここで，速さ $v = \sqrt{2E_t/m^*}$ をかけると

[*5)] 今，簡単のため，$n_A = n_B = n$ とする．理想気体は 0℃ 1気圧での分子数密度は $n = 2.7 \times 10^{19}$ cm^{-3} である．これが第7章で求めた速さの平均 $\sqrt{\pi kT/m}$ を持つとする．これは 4.5×10^4 cm·sec^{-1} である．数値計算を行うと，8.5×10^{28} cm^{-3}·sec^{-1} となり，これは，1.4×10^8 mol·l^{-1}·sec^{-1} である．ということは，1モルで1 l の気体の分子同士は，約 10^{-8} 秒で全てぶつかり合っている．だから，ぶつかることが即，反応が起こることになっていたら，反応はなんと 10^{-8} sec で全て起こってしまう．

11.2 化学平衡係数

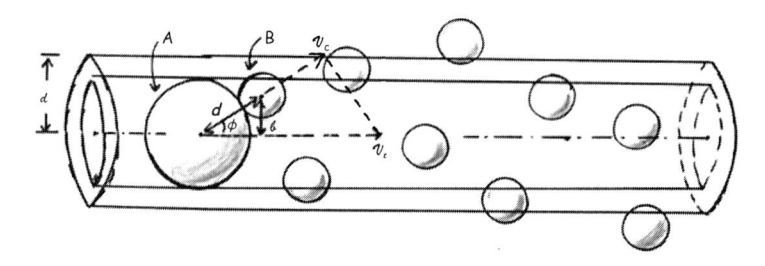

図 11.2 分子 A が分子 B に衝突する幾何学.球 A と球 B の中心間距離(すなわち,A と B の半径の和)を d とすると,πd^2 が散乱面積.衝突パラメータ b が d 以下だと衝突が起こり,b の長さが短いほど衝撃が大きい.

$$v \cdot \mathcal{F}\,\mathrm{d}E = \frac{1}{k_\mathrm{B}T}\left(\frac{8}{\pi m^* k_\mathrm{B}T}\right)^{1/2} E_t \exp\left(-\frac{E_t}{k_\mathrm{B}T}\right)\mathrm{d}E_t \qquad (11.10)$$

と表せる.$\Omega/(n_\mathrm{B}n_\mathrm{A})$ はこの $v \cdot \mathcal{F}(E_t)$ へ散乱断面積 $\sigma_r(E_t)$ をかけて並進エネルギー E_t で積分したものなので,

$$\frac{\Omega(T)}{n_\mathrm{B}n_\mathrm{A}} = \int_0^\infty \sigma_r(E_t) \cdot v \cdot \mathcal{F}(E_t)\mathrm{d}E_t \qquad (11.11)$$

である[*6].

ここで,衝突によって,すべてが反応するのではなく,ある限界エネルギー(閾値,敷居値,threshold)E^* 以上のエネルギーを持った分子のみが,反応すると考える.つまり,

$$P(E_\mathrm{C})\begin{cases} = 0 & (E_\mathrm{C} \leq E^*) \\ = 1 & (E_\mathrm{C} \geq E^*) \end{cases} \qquad (11.12)$$

という自然な設定である.しかし,単に $\sigma_r(E_t)$ に関しては,E_t が E^* 以上で散乱断面積の値を持ち,それ以外の場合はゼロという単純な仮定は出来ない.並進エネルギー E_t が全て反応に対して有効に働くのは,正面衝突という特殊な(まれに起こる)場合だけであって,多くの衝突は「かすめて」跳ね返されるので,そのような非正面衝突効果も考えなくてはならない.図 11.2 を見てほしい[*7].衝

[*6] ここで,2 つの分子の衝突なので,重心運動と相対運動にわけ,その相対運動の部分が,換算質量 m^* によって 1 体の問題に帰着するという力学の論法を使っているが,ここでは,理論の核心に至る前の予備段階の設定が長くなり過ぎるので,その説明は省略して本質の説明に専念することにする.専門書では換算質量として μ を使っている例が多いが,本書では化学ポテンシャルと混同しないように m^* で表した.

[*7] この図および説明は反応の専門書に見られるが,なかなか非専門分野の読者には,難しい.ここでは,理解のために図および説明を私なりに書き換えてある(本質は変わらない).

突する 2 つの球の半径の和を d として 2 つの球の中心を結ぶ線（中心線）上のベクトル $\boldsymbol{d}$ を与える．衝突によって得る実効的エネルギー $E_c=(1/2)m\boldsymbol{v}_c^2$ は本来持っている運動エネルギー $E_t=(1/2)m\boldsymbol{v}_t^2$ に対して減っている．その減り方は，並進方向と 2 つの玉の中心線のなす角 φ の余弦 $\cos\varphi$ である．これは，$\boldsymbol{d}$ の並進運動に垂直な方向への射影成分 b（衝突パラメータと呼ぶ）によって書ける．つまり，

$$\begin{aligned} E_C &= \frac{1}{2}m\boldsymbol{v}_c^2 = \frac{1}{2}m\boldsymbol{v}_t^2\cos^2\phi \\ &= \frac{1}{2}m\boldsymbol{v}_t^2(1-\sin^2\varphi) = \frac{1}{2}m\boldsymbol{v}_t^2\left(1-\frac{b^2}{d^2}\right) \end{aligned} \quad (11.13)$$

となる．結局，

$$E_C = E_t(1-\{b^2\}/\{d^2\}) \quad \text{つまり} \quad \{b^2\}/\{d^2\} = 1-\{E_C\}/\{E_t\} \quad (11.14)$$

が得られる．正面衝突では $b=0$ であり，かすめる場合は $d\geq b\geq 0$ で，ぶつからなくなるのが，$b\geq d$ である．これを観点を変えて，並進エネルギー E_t に着目すると，これが，閾値 E^* より小さいと反応は全く起こらない．そして，閾値 E^* より大きいと衝突パラメータ b が

$$b_{\max}^2 = d^2(1-\{E^*\}/\{E_t\}) \quad (11.15)$$

よりも小さいような当たり方の場合のみ反応が起こる．

この形にしてから，反応確率 $P(b)$ は b について 1 か 0 かを定めるべきである．つまり，

$$P(b)\begin{cases} =1 & (b\leq b_{\max}) \\ =0 & (b>b_{\max}) \end{cases} \quad (11.16)$$

と記せる．というわけで，ここから $\sigma_r(E_t)$ を反応断面積と呼ぼう．それは，

$$\sigma_r(E_t) = \pi b_{\max}^2 = \pi d^2(1-\{E^*\}/\{E_t\}) \quad (11.17)$$

の形になる．この関数値の上限は πd^2 である．いくらエネルギーが高くても，ぶつからないとダメである．

以上の考察に基づいて，$\Omega(T)/(n_B n_A)$ の表式へ，このようにして求めた反応断面積 $\sigma_r(E_t)$ を代入すると，式 (11.11) は積分の下限が E^* となって

$$\frac{\Omega(T)}{n_B n_A} = \frac{1}{k_B T}\left(\frac{8}{\pi m^* k_B T}\right)^{1/2}\pi d^2\int_{E^*}^{\infty}(E_t-E^*)\exp\left(\frac{-E_t}{k_B T}\right)dE_t \quad (11.18)$$

になる．この積分の部分は，次のように，まず積分変数を E_t から $\eta=(E_t-E^*)/k_B T$ に変換する．$dE_t=k_B T\,d\eta$ であり，η の積分範囲は 0 から ∞ であ

る．η については部分積分を行う．

$$\int_{E^*}^{\infty}(E_t-E^*)\exp\left(\frac{-E_t}{k_BT}\right)dE_t=(k_BT)^2\exp\left(\frac{-E^*}{k_BT}\right)\int_0^{\infty}d\eta\cdot\eta\exp(-\eta)$$
(11.19)

部分積分の定数項 $[\eta\exp(-\eta)]$ は下限 0 でも上限 ∞ でも 0 である．結果として，

$$\Omega(T)=\pi d^2\left(\frac{8k_BT}{\pi m^*}\right)^{1/2}\exp\left(\frac{-E^*}{k_BT}\right) \tag{11.20}$$

となる．これを式 (11.7) の表記に合わせると，

$$\Omega(T)=\pi d^2\left(\frac{8k_BT}{\pi m^*}\right)^{1/2}\exp\left(\frac{-E^*}{k_BT}\right)n_B n_A \tag{11.21}$$

が得られる．ここで，式 (5.19) より，平均の速さ $\bar{v}$ で表すと，

$$\Omega(T)/(n_B n_A)=\pi d^2\bar{v}\exp(-E^*/k_BT)n_B n_A \tag{11.22}$$

と表現される．式 (11.7) での評価に比べて，ボルツマン因子の部分だけ小さくなる．

　この温度依存性は実験をよく説明するものである．ここで，E^* はボルツマン因子における，励起エネルギーに対応するものであるが，その導出は，多くの物理化学のテキストでは，不正確な記述と思われる．結果が，ボルツマン因子の形で，あまりに自然なため，分子運動論による分布からの導出が安易過ぎる場合が多い[*8]．

　ともかく，このようにして，Ω にボルツマン因子がかかるため，$E^*=20k_BT$ 程度で 10^{-9} となる．それが，$E^*=30k_BT$ 程度で，10^{-14} の減衰因子を与えている．これが実験結果をうまく説明している[*9]．

　ただし，大抵の場合，まだ 10 倍から 100 倍程度大きく出すぎている．それは，ぶつかる際にうまく反応しやすい面を向けているとは限らないため，ということで，向きの効果因子という補正項をつけて議論されることもある[*10]．

　このようにして，反応が進む際の閾値 E^* をエネルギー障壁と考え，ボルツマン因子として扱うことをアレニウス（Arrhenius）の方法と呼ぶ[*11]．

[*8) 文献として，N.E.Henriksen and F.Y.Hansen "Theories of Molecular Reaction Dynamics—The Microscopic Foundation of Chemical Kinetics"[33] に詳しい議論がある．この本を読むと，この分野の定量的理論の研究は始まったばかりという印象を受ける．

[*9) 温度を常温 300 K 程度にすると，$20k_BT$ は 0.5 eV に対応している．

[*10) この点は，実験家の直観のうまさであるが，理論家としては，第一原理計算で，向きを変えて衝突させて違いを調べるという芳醇な課題が残っていると考えるべきであろう．実際，千葉大学理学研究科ナノサイエンス研究室などで，現在このテーマに取り組んでいる．

[*11) なお，注意しておくが，この障壁は，反応物と生成物のエネルギー差 ΔE_{pro} ではない．そこへ至

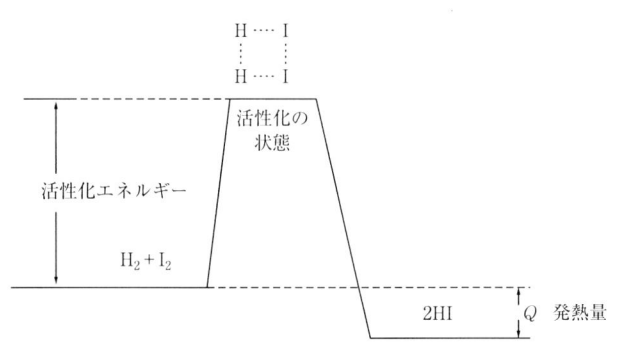

図 11.3 反応はエネルギー障壁 U を越えて進む．反応物状態と生成物状態のエネルギーの差が反応熱に対応する．

　上で述べた導出は理想気体を用いた古典力学的衝突論の基づいており，高密度気体反応，溶液反応など，多彩な化学反応領域を考えると，現在のところ，現象論と言わざるを得ない．しかし現代においても，触媒研究において，精密な電子状態第一原理計算と併用して用いられている．100 年以上，使われ続けていること自体，価値あることである[*12)]．

　以上の結果に基づいて，11.2.1 項で述べた比例定数 $C_{L \to R}$ および $C_{R \to L}$ の形を論じてみよう．図 11.3 を見てほしい．上で述べた，反応は，反応の向きに依存するものではない．ただし，閾値すなわちエネルギー障壁 E^* はそれぞれ，異なっている．エネルギー障壁の高さを右向きに対して $U_{L \to R}$，左向きに対して $U_{R \to L}$ とおく．この差，$-U_{L \to R} + U_{R \to L}$ は反応の結果生まれるエネルギー差であるが，これは最終的には熱になるので，分子あたりの「反応熱」である．

るに必要なエネルギーの山の高さのことである．実際，必要な時間のことを考えなければ，ΔE_{pro} だけ考えれば，温度に対する比のボルツマン因子で決まる．その比が平衡状態すなわち最終的存在比となる．実際，石墨とダイヤモンドのエネルギー差は，わずか$2.90 \, \text{kJ·mol}^{-1}$ であり，常温付近におけるボルツマン因子はの比は 3.2 対 1 程度である．ということは，石墨をじっと見て待っていれば，その24 %がダイヤモンドに変わるはずである．しかし，石墨とダイヤモンドの途中には高いエネルギーの山があって，その待ち時間はあまりに長すぎるのである．でも，もし何かその山を迂回する方法が見つかれば，比較的短時間で，その24 %がダイヤモンドになった石墨を作れるかもしれない．この章の触媒の節をみてほしい．物性科学の 1 つの夢である．

[*12)] なお，この形の因子は，金属表面からの電子の熱励起による放出についても現れる．その場合は，金属内の電子が外界へ出る際に飛び越えなけらばならない障壁が「仕事関数」に対応している．これは，リチャードソン-ダッシュマン（Richardson-Dashman）の式と呼ばれている．この場合，飛び出して来る電子は高いエネルギーを持ったごく小数であり，ボルツマン分布が使えるという点が重要である．固体電子物性のテキストを参照してほしい．

そこで通常のモル反応熱 Q_r の定義を使って，Q_r/N_a と記しておこう．N_a はアボガドロ数である．ここで，$N_a k_B = R$（R は気体定数）を用いると，ボルツマン因子は $\exp(-Q_r/RT)$ と記せる．

質量作用の法則より，平衡定数 $K(T, P)$ は

$$\exp([-U_{L \to R} + U_{R \to L}]/k_B T) \tag{11.23}$$

をボルツマン因子として持つ[*13]．これを見ると，反応熱 Q_r が正，つまり発熱反応では，平衡定数 $K(T, P)$ が温度の減少関数になっている．つまり，温度を高くすると，反応の平衡点は生成物が少なくなる方へずれる．ただし，平衡に達していない初期の状況から平衡に達する途中過程でエネルギーの山を越えるために，つまり，平衡に達するまでの時間を短縮するために，熱すること（気体では運動エネルギーの大きな分子を増やすこと）が必要ではある[*14]．

11.2.4 ルシャトリエの法則[15]

前項のように，一般に，系に，外からの人為的な変化を与えると，その結果生じる変化を，やわらげる方向に働く，という原理がある．これをルシャトリエ（Le Chatelier）の法則という．圧力の場合を例にあげると，化学反応の平衡点は，反応のよって体積を減らす向きにずれる[*15]．このルシャトリエの法則は，平衡状態という安定な位置の持つ本質を映し出している[*16]．

11.3 反応速度と反応の次数

角砂糖をマッチの火であぶってみよう．化学式としては，激しく酸化して，すなわち，燃えて炎をあげるはずである．しかし，実際やってみると，なかなか燃えない．マッチ 1 本では無理という結論になってしまう．しかし，ここで，何かを燃やした灰を細かくして，角砂糖に振りかけておく．マッチ 1 本でも，激しく

[*13] ここで展開した議論によれば，右向きの反応と左向きの反応では分子が異なるので，d, m^* の値が違う．それが比となってこの評価に入ってくる．今は定性的な議論なので，この効果を無視する．

[*14] 実際，アンモニア NH_3 の生成 $N_2 + 3H_2 = 2NH_3$ は発熱反応であるが，400〜600℃で行われる．

[*15] アンモニアの合成では，消失物 4 モルの気体が生成物 2 モルの気体になるので，高圧が求められる．実際，ハーバー–ボッシュ法という工業的製法では 200 気圧から 1000 気圧をかけている．

[*16] この原理が働かない例があるのだろうか？ もし，あったとしたら，系は極端な状況になってしまい，われわれが，「実在する系」として認識できないことになっていると思われる．「実在する」には安定性が必須なのである．この問題は，第 13 章の「エマルション」で，再び論じる．

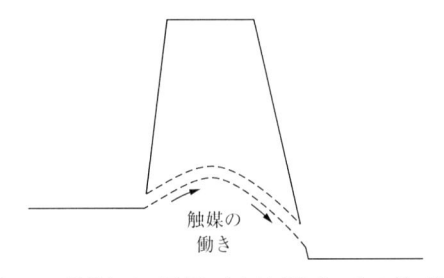

図 11.4 触媒とは，反応に立ちはだかるエネルギー障壁 U に対してエネルギー値の低い近道を与える働きをするもの．最終的な平衡状態に変化はない．そこへ至る速度を速める機能を持っている．

燃え上がる．その後に，振りかけた灰と，角砂糖の燃えかすとしての灰が残る[17]．

11.3.1 反応の進み方

前節では，平衡の状態を考えてきた．化学反応系ではある初期状態を与えた場合に，終状態として到達すべき状態を与えている．つまり，反応が「どこまで進みうるか」という問題である．これとは別の問題として，反応がどんな速さで進むかという現実面で大変重要な課題がある．それを扱うのが，反応速度論である．実際「化学式がそのまま」であっても，ある物質を置くと速度を速める場合がある．図 11.4 を見て考えてほしい．例えばアンモニアの酸化 $4NH_3+7O_2=4NO_2+6H_2O$ では，白金網が使われる．このような物質を触媒という．

本節の冒頭で角砂糖に振りかけた灰は触媒だったのである．これをアレニウスの方法に則して考えると，障壁というのは実は多くの次元（自由度）を持っている．触媒は，これとは別の座標（自由度）において，もっと低い障壁の道筋を作っていることになる．さらには，障壁というものがゴツゴツとしていて，多くの段階を経て進む経路が作られているかもしれない．この場合，一番高い障壁が，反応速度が遅いために，全体の反応の進み方を支配しているという考え方は自然である．この段階を律速段階という．ここからは，具体的な例で，障壁の構造全体を求めるという重要であるが，難しい課題となっていく[18]．

---

[17] これらは火を使う実験です．突然の発火による火傷などに充分注意してください．
[18] 研究の最先端では，反応に寄与している原子間の距離（2座標あるいはそれ以上）に対して，ポテンシャルエネルギーを等高線としてプロットすることによって，反応経路を明らかにする試みもなされていることを指摘しておく．なお，触媒は何の変化もしないというのも，問題の多い表

11.3.2 酵 素

生体内の化学反応では，酵素（enzyme；E）という触媒による反応の促進が極めて重要な役割をしている．生化学のテキストにも，多くのページが割かれている[*19]．酵素の特徴は，作用は選択的で，特定の物質の，特定の化学反応を，特定の条件（温度など）だけに作用する．そのような酵素によって選び出される物質（反応の消失物）を基質（substrate；S）という．反応においては，酵素と基質が結合し，複合体（ES）を作る．多くの場合それは，カギとカギ穴ともいえるような，空間的にうまく結合する構造を持っている．その結果，生成物（product；P）を効率よく，あるいは高温，高圧などの，特殊な条件を使わずに，作っていく[34]．象徴的に表示すると，$E+S=ES=E+P$ である[*20]．

11.4 反応の次数は消失物濃度のベキか

前節で述べた，反応速度の問題においては，その速度が，消失物の濃度のどのようなベキに比例しているか，という反応の次数という観点も重要である．本章の 11.2.1 項「質量作用の法則」の記述に基づくと，各消失物の濃度に係数をベキとして与えたものになりそうに思える．実際，分解反応である $N_2O_5 = 2NO_2 + (1/2)O_2$ は，典型的な 1 次反応である．

また，見かけ上，2 種の分子が関与している，ショ糖の水との反応でブドウ糖と果糖になる反応 $C_{12}H_{22}O_{11} + H_2O = C_6H_{12}O_6 + C_6H_{12}O_6$ では，水は溶媒として多量に存在する．そのため，反応の前後で水の濃度は一定であるとみなすことができ，消失物はショ糖のみであって，反応は 1 次になる．

11.4.1 1 次の反応の記述

この場合速度という 1 次微分の符号をマイナスにしたものが濃度に比例しているので，

現である．本文中のアンモニア酸化で使う白金網は，滑らかだった表面が，アンモニア酸化の後では，黒色の粗なものに変わり果てている．白金の表面は結合に寄与していない電子があり，これに一時的に反応分子が捕まることが重要な働きである．物理的には白金の表面は変化している．このあたりも，基礎化学，物理学として今後研究されるべき問題である．読者の挑戦を期待する．

[*19] 生化学は酵素論であるという先生もいる

[*20] なお，触媒である酵素の働きが，少量の他の物質によってその作用を失う場合がある．これを，触媒の被毒（poisoning）といい，そのような物質を触媒毒（catalytic poison）という．生体における，毒物の多くはこれである．

$$-\mathrm{d}\rho(t)/\mathrm{d}t = t/t_r \tag{11.24}$$

となる．比例定数を t_r^{-1} とした．これは容易に解けて，

$$\rho(t) = \rho_0 \exp(-t/t_r) \tag{11.25}$$

が得られる．ρ_0 は初期濃度である．ここで，t_r を緩和時間という．現在の濃度 $\rho(t)$ と初期濃度 ρ_0 との比自体は，初期濃度 ρ_0 にはよらない[*21]．

11.4.2　2次以上の場合

化学反応式から2次と予測されるものも多いが，実際に，2次以上の次数を決めるのは，難しい問題である[21)22)25)]．

典型的な2次反応としては，式（11.1）があげられる．しかし，似ている反応 $H_2+Br_2=2HBr$ の場合 3/2 の次数になることが知られている．これは前節で述べたように，途中の過程に幾つかの段階があって，どれかが律速段階になっているためである[*22]．

当然，次数がさらに高次の場合は，もっと複雑になる．本書の範囲を超えてしまう[*23]．

11.5　電解質溶液の化学平衡—イオンの化学ポテンシャル

ここで，第6,7章で紹介した電解質溶液の半定量的議論，第9章の多成分系，第10章の化学平衡の議論を踏まえて，電界質溶液の，つまりイオンの関係する

[*21)] この指数関数形の減り方は放射性物質の崩壊でおなじみの形で，極めて，一般的である．崩壊現象では t_r は崩壊定数（decay constant）と呼ばれている．また，よく使われる半減期（half life）τ という定数濃度比が1/2になる時間なので，$\log 2 = \tau/t_r$ より，$\tau = 0.693 t_r$ である．

[*22)] さらには，反応が1つずつ，順を追って起こるという制約もない．同時にいくつかの経路が有効に働く併発反応（parallel reaction）のこともあろう．また，途中で，極めて活性の高い（障壁を低くする）中間生成物 X が出来，それを媒体として反応が進むと，再び，X が出来て次の反応に使われるという連鎖反応（chain reaction）もありうる．

[*23)] このあたりの化学反応論は，ある意味で，微分方程式応用論である．それの援用によって，化学的な立場から，実現は困難といわれている現象への手掛かりを与える場合がある．ここでは，魅力溢れる例をあげておこう．3次の次数を含む場合は，反応が時間的に振動しながら，平衡状態に解が存在する．長い間，実験的には不可能と思われてきたが，現在では，BZ（ベリューゾフ-ジャボチンスキー，Belousov-Zhabotinsky）反応として知られていてる有名な現象である（文献）[35)]．そこでは，中間生成物がそれを媒体として反応を進めるという作用が，重要な寄与をしている．このように，前節で述べた連鎖反応の機構を使っているが，さらに，その中間生成物の消費というブレーキの機構も働いている．この現象と，表面張力を組み合わせた実験が進行中であることを第12章で触れる．

液体系の定量的議論を導くというのは,「物理化学」という観点から極めて適切である.これは,「電気化学」という豊潤な分野を作っている[*25].

そこで,この章の最後に,その範囲での電離平衡の基礎をまとめておく.溶液中で原子（分子）がイオン化しているという電離の考え方は Arrhenius（1887）によって提唱されているが,第10章で紹介した浸透圧におけるヴァントホッフの式が,電解質と思われる溶液では,1モルについて $\Pi V = \eta_{ion} \cdot RT$ となって,1よりかなり大きな係数 η_{ion} がつくという実験結果によって有力になったのである.実際,浸透圧 Π が混入した「粒子」の数にのみよるとしたら,1つの分子が α だけイオン化して2個になるとすれば,その効果は,$(1-\alpha)+2\alpha=1+\alpha$ だけ増えるはずで,それが η_{ion} になっているわけである.ただし,第10章での充分に薄いという希薄溶液の条件は,電解質では,有効な領域は極めて小さい.それは,イオン間のクーロン相互作用が強くきいてくるためである.

そのような状況では,1つのイオンに着目した時,周りのイオンは雰囲気という場を作って秩序化するという現象が重要になってくる.これについては,付録のデバイ-ヒュッケルの理論の紹介を参照してほしい.われわれは,この点に留意しながら,原子がイオン化している系の平衡,すなわち電離平衡の基礎のみを,論ずることにする[*26].

電解質 AB が α だけイオン化して,平衡に達すると AB=A$^+$+B$^-$ となって,質量作用の法則より,各濃度を[ ]で表せば,$[A^+][B^-]/[AB] = \alpha^2/(1-\alpha) = K(T)$ となっている.$K(T)$ は電離平衡定数である.これは,弱電解質の場合に成り立つ.例えば,酢酸（CH$_3$COOH）は25℃で $K=1.8\times10^{-5}$ である.α は 0.004 程度であることがわかる.

さて,水も電解質であって,2H$_2$O=H$_3$O$^+$+OH$^-$ という電離平衡になっている.ただしその電離は極めて小さい.実際,精密な実験によって,結果として $[H_3O^+][OH^-]=1\times10^{-14}$ が得られている.これは,イオン積（ion product）と呼ばれている.この値は極めて小さいので,質量作用の式において,[H$_2$O] は 1 とおけるので,$[H_3O^+]=[OH^-]=1\times10^{-7}$ となる.

ここでは,節の初めで予告したように,起因について直感的説明のみ与えておく[31].強い酸性を示す HA は,HA+H$_2$O=H$_3$O$^+$+A$^-$ となって電離している.

[*25] 一般的なイオン溶液論については,優れた物理化学研究者によって書かれた文献を示しておく.今堀友和『基礎物理化学』第7章[25]である.

[*26] 知識としての内容は,高校の教科書にもある内容である.ただし,その起因を詳しく述べてある高校テキストは少ないと思われるので,ここに載せる意味はあると考えている[31].

その電離平衡定数は

$$K_a = [H_3O^+][A^-]/[HA] \qquad (11.26)$$

である．しかしながら，出来た A^- は再び水によって HA の再構成，$A^- + H_2O = HA + OH^-$ が起こっている．その平衡定数は

$$K_b = [AH][OH^-]/([A^-][H_2O]) \qquad (11.27)$$

である．しかし，ここでも $[H_2O]$ は1とおけるので，各平衡定数の積は

$$K_a \cdot K_b = \frac{[H_3O^+][A^-]}{[HA]} \cdot \frac{[HA][OH^-]}{[A^-][H_2O]} = [H_3O^+][OH^-] \text{ となる．} \qquad (11.28)$$

つまり，これは，$[A^-]$ を含まず，水のイオン積と同じである．イオン積という量は保存される．

図 11.5 とその説明を見てほしい．本質をまとめると，酸 AH が水の中に入って電離することによって，水自体の電離は減って H_3O^+ と OH^- のイオン積を一定にしている，と見られる．酸性とは，A^- の強い電気陰性度によって形成されているともいえる．

この説明は，アルカリ性の物質が水の中に入っても可能である．以上により，

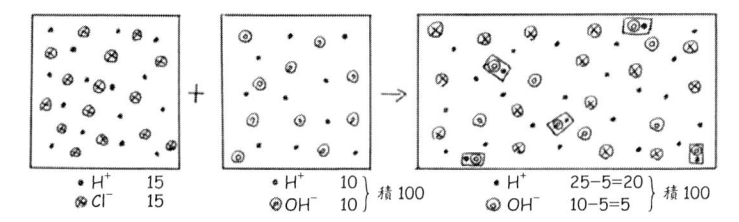

図 11.5 水もわずかに電離していて水素イオンも OH^- イオンもある．ここへ酸 AH が入って強く電離すると，水素イオンと OH^- イオンの再結合が起こる．図中の数字は説明のためにわかりやすい数値を使っている．水素イオンはヒドロニウムイオン H_3O^+ と表記する方がよいが，ここでは，見やすさを考え，単に H^+ と描いてある．また，単に 10^{-2} 程度のモル数を論じたいという動機で，ミリモル 10^{-3} という単位を使う．水の中に，H^+ イオンが 10 ミリモル，OH^- イオンが 10 ミリモルあったとする．積は 100（ミリモル）^{2} である．そこへ，酸 HA が加えられた．その酸は，一時的に酸の H が作る H^+ が 15 ミリモル，A^- が 15 ミリモルになったとする．この場合，H^+ は合計，25 ミリモルにもなる．これは多いので，水にあった，OH^- イオンは H^+ と結合して，水分子に戻る．しかし，全て戻るわけではない．強力な陰イオン A^- イオンのために，その周囲にはある程度，H^+ を残す必要がある．結局，OH^- は 5 ミリモルだけ，H^+ と結合して，5 ミリモルはイオンで残る．そのため，H^+ の方は，20 ミリモルになる．かくて，H^+ の量 20 ミリモルと OH^- の 5 ミリモルがそれらの積として 100（ミリモル）^{2} になって酸の入る前の積の値が保持されている．

酸性にせよ，アルカリ性にせよ，$[H^+][OH^-]$ のどちらか一方の値で，酸性，アルカリ性の指標となる．

一般的には，$pH=-\log[H^+]$ で定義された pH（ペーハー）が使われている．

12. 表面張力の熱力学

12.1 表面張力の起因を力学的に説明すると

 表面張力は，内部の安定な状態に対して，表面付近がエネルギー的に不安定になってしまうことが原因である．図 12.1 におおよその様子を描いてある．内部では水分子は互いに水素原子（陽子）を仲介とする結合で結びついてエネルギーの低い安定な状態にある．ところがその内部の分子を表面に持ってくると結合の相手が減るためエネルギーが上ってしまう．そのため水分子の集団全体としては表面を出来るだけ小さくしようとする[36-38]．

12.1.1 計算機実験

 ここで，もっとミクロな見方をしてみよう．最近，水分子の動きが，中性子散乱実験によって，かなり詳しく調べられてきた．それによると，短時間（10^{-12} 秒，ピコ秒，つまり 1 兆分の 1 秒程度）に陽子を組み替えて，強い相互作用をしつつ

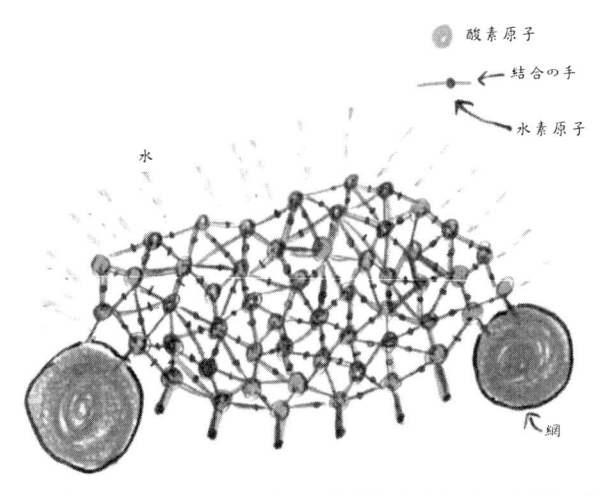

図 12.1 水の内部と表面でのエネルギーの違いが表面張力を生む．そのため目の細かな網で，水を止めることもできる．筆者による実験写真を『子供の科学』2009 年 5 月号に掲載した．

も，エントロピーの高い状態を作っていることがわかってきた．それによると動的な強い相互作用を持つ液体と捉えるべきである．陽子を仲介として，水素原子間の相互作用は，時間的に平均すると，4.4個の分子に対応している．つまり，4個だったり，5個だったりする時間が多いということである．計算機実験では，3個の場合もかなりあるという状況である．計算機実験をながめると，この動的構造は，1つの分子にとっては，広がりは小さく，0.8 nm（8 Å＝8×10^{-10} m）程度である．水分子は800 m/sec程度で動いているので，短時間（10^{-12}秒程度）のうちにこの大きさの変化となって，構造自体を壊して別の形になっていく．これは，水のあらゆる場所で，いつまでも起こっているわけである．動的構造の形成と破壊の繰り返しが本性である．

そこで，もし，カメラで，ある瞬間のスナップショットを撮ると，酸素原子が，それぞれ沢山の手を出して，お互いに握りあってつながっているように考えられる．ただし，その手は極めて短い時間の間に組み替えられていく．カメラのスナップショットといっても，1兆分の1秒で止めたものである．

12.1.2 表面ではどうなっているか―自由エネルギーからの見方

さて，水のかたまりの表面では，引き合ってくれる相手の手が3個とか2個程度になってしまい少ないために，不安定になっている．水というかたまり全体は安定になろうとするので，結局，表面を少なくしようとしている．

もう少し，詳しく調べると，内部と表面のエネルギー差というよりも，自由エネルギーの差というべきであることがわかる．本章の冒頭の文は修正されることになる．われわれは有限の温度での現象を考えているので，自由エネルギーから説明するともっと明解に説明できる[19]．ただし，ギブスの自由エネルギーという量ではない．ギブスの自由エネルギーは示強的変数 T, P で決まる熱力学的関数であって，系全体で1つの量で定められるものである．だからこそ，7.2節で述べた1モルあたりの量が，化学ポテンシャル μ で表現されたのである．ここで，自由エネルギーと呼ぶのは，ヘルムホルツの自由エネルギー $F(T)$ であって $E(T) - TS(T) = G(T) - PV$ である．G が表面と内部で同じであっても，何らかの「圧力」×「体積」という積が力学的なエネルギーを与えるものがあるならその項では表面と内部で異なっていてもいいわけである[*1]．

実際，内部の方が秩序が大きいのでエントロピーが小さく，表面の方が乱れのため，エントロピーが大きくなっている．そのため，エネルギーの差，つまり表

面でのエネルギーから内部のエネルギーを引いたものは，エントロピーの差によって打ち消されることになる．この打ち消し合いはエントロピー効果なので，温度が高くなるとさらに効果的に効き，内部と表面の自由エネルギー差は小さくなる．そのため，温度が高くなると表面張力は低下する[*2)]．

なお，臨界点では，液体と気体の区別がなくなってしまう．水では218気圧，374℃（647 K）である．この高圧高温では表面という概念がなくなってしまう．重力の場においても自由表面が見られない．つまり，段々と密度が変化していて，表面というものがない．当然，表面張力もゼロになる．これが，臨界点にある流体の特異性，例えば，密度のゆらぎが激しいという性質などの原因となっている[*3)]．

12.2 定　　義

さて，ここまでの議論で，表面張力とは，定義では，単位長さあたりに働く力となっているが，メカニズムから考えると，単位面積あたりのエネルギー，あるいは，単位面積あたりの自由エネルギーであることがわかる．

これは第1章で述べた次元の考え方からは当然で，

$$\frac{\text{力}}{\text{長さ}} = \frac{\text{力}\times\text{長さ}}{\text{長さ}\times\text{長さ}} = \frac{\text{エネルギー}}{\text{面積}}$$

というように，力と長さの積の次元は，単位面積あたりの自由エネルギーになっているからである．次元が同じならば，物理学的には同じなのである[*4)]．

実際，図12.2（a）で示すように，表面では，それを「エネルギーの面積密度」

[*1)] 無重力下では，水は球形となる．この場合，Fは中心点からの距離rによって決まる関数である．ところが，Gは，系全体で一意的に決まっている．その差$F-G$を，圧力Pと体積Vの積の項PVが担っている．ただし，この場合，もはや，内側と外側で異なるのはPだけとかVだけとは決められないと考えざるを得ない．積PVで表せるエネルギー次元の量が，rによっているわけである．あるいは，何か別の，「一般化力」と「一般化」の積として，表記するのが，適切かもしれない．もし，ジュール-トムソン過程（JTP，細孔通過）を学んだ読者がいたら，Fが変わるにもかかわらずGが一意的に定まる事情は，JTPにおいて，孔のところで内部エネルギーが変わっているにもかかわらず，エンタルピーという量が一定に保たれるという事情に似ていることに気がつくであろう．

[*2)] これを，あくまで，エネルギー概念に基づいて，温度とともに内部でも熱運動が高まって，表面とのエネルギー差がなくなる，と表現することも可能なのである．自由エネルギーの概念を知っていると，それは「誤り」といいたくなるが，それは，表現道具の制約のために過ぎない．

[*3)] 境目を設定すれば，そこでは張力があるのではないかという問題については，研究の第一線では，諸説ある．確定していない．

12.2 定義

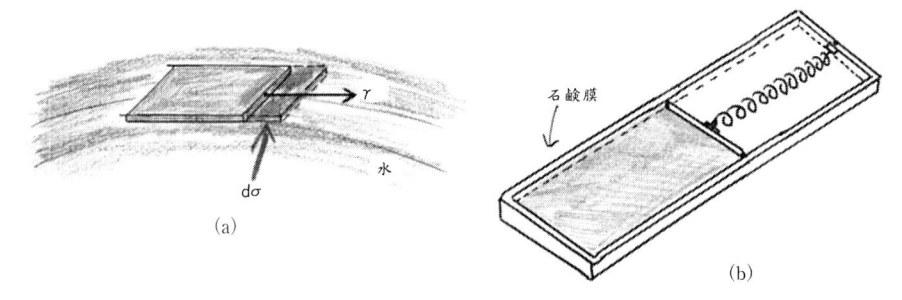

図 12.2 石鹸膜の弾性力の持つ「バネ定数」を測る装置．枠に膜が張られていて，それを引っ張る仕組みである．ラングミューアの装置として知られているものの原理図でもある．

表 12.1 空気中での液体の表面張力（25 ℃（298 K），単位は mN/m^{-1}＝dyne·cm^{-1}）金属である水銀は別格にしても，水が異常に大きいことがわかる

Hg	485.38	アセトン	23.70
H$_2$O (298 K)	71.99	アセトアルデヒド	20.50
H$_2$O (373 K)	58.92	酢酸	27.10
ベンゼン	28.22	エタノール	21.97

×「面積」の積とみなしてもよい．他方，図 12.2（b）のような，石鹸膜を枠に張って，それを可動式の棒で引っ張る実験では，まさしく薄膜が面として引く弾性力の持つ「バネ定数」がわかるのである[*5)]．いろいろな液体の表面張力を表 12.1 に示す[12)]．水は異常に大きい．73×10^{-3} N·m^{-1} である．

前節の自由エネルギーの議論から，一般に，この表面張力 γ は温度の減少関数であることがわかる．力学的説明に戻ると，温度が高いと，そもそも分子の熱振動が盛んになって，内部がそれほど安定でなくなってしまうわけである．結果として，表面が内部に比較して，それほど不安定ではなくなるのである．

12.2.1 一般化力としての表現

さて，第 8 章の一般的な扱いにおいて，一般化力 A を，表面張力という面の面積を変えるような変化を与える力 γ と，一般化変位としての面積 σ を用いて考える．γ と σ の積はエネルギーを示し，$-\gamma d\sigma$ が変位 $d\sigma$ に伴う外部への仕事

[*4)] 違いは，人間の解釈描像である．つまり，ここでの議論は，力学的釣り合いという表現ではなく，自由エネルギーが極値（極小）をとるという描像でも出来る．このあたりの，描像の切り替えは自然であり，「一方が正しく，他方は誤解」という記述は妥当でない．

[*5)] これは，ラングミュアの装置として，研究の第一線でも使われている[38)]．

を表している．この議論は8.7.2項のゴム弾性の系と同じ扱いとなる．
　熱力学式で表すと，式 (8.23) に対応する式が $dF^\sigma = -S^\sigma dT + \gamma dA$ となる．すなわち，表面張力は

$$\gamma = \left\{\frac{\partial F^\sigma}{\partial A}\right\}_T$$

と記述される．ここで，F^σ は，既に論じた表面におけるヘルムホルツの自由エネルギーである[20)38)]．

12.3　1円玉が水に浮く仕組み

　1円玉が水に浮くという，よく知られた現象を，解析してみよう．初歩的実験のなかに，実は，いろいろな「物理」が絡み合っている．
　1円玉は質量1gである．直径2cmなので，周囲が約6.3cm．水の表面張力は，理科年表（丸善）によると，1cmあたり，73×10^{-3} N·m^{-1} なので，これを用いて計算する．今，10^{-3} N·m^{-1} = 1 dyne·cm^{-1} であることに注意すると，73×10^{-3} N·m^{-1} × 6.3 cm = 73 dyne·cm^{-1} × 6.3 cm = 460 dyne つまり，0.47 g重である．（1 g重は 980 dyne である）他方，1円玉は質量1gなので，1g重である．なんと，53%分も不足している．だからこそ，慎重に，ゆっくり浮かべないと沈んでしまう．では，そっと浮かべようとすると，浮くのはなぜだろうか．以下，図 12.3 (a) を見てほしい．
　考えてみると，表面張力は1円玉の円周に働くのであって，その1円玉自体は，水面上にあっても，水面下にあってもよいはずである．浮かんでいる様子を観察すると，1円玉は，水面から沈み込んでいる．その分，浮力が働く．沈み込んだ分の体積の水の重さにあたる分，浮力を受けているのである．そこで，1円玉の体積を求めてみよう．アルミニウムの比重は2.7つまり，密度は 2.7 g·cm^{-3} なので，1gの1円玉の体積は 1/2.7 = 0.37 cm^3 である．これが全て沈み込んで，水面が上の面になっていると考えると浮力として，0.37 g重の上向きの力を得る．表面張力の 0.47 g重と合わせると，0.84 g重になる．だいぶ大きな上向きの力を得たが，まだ，下向きの重力1g重には，16%足りない．
　それでは，その足りない16%は，どのような仕組みで補われて，実際に，1円玉が浮いているのだろうか？

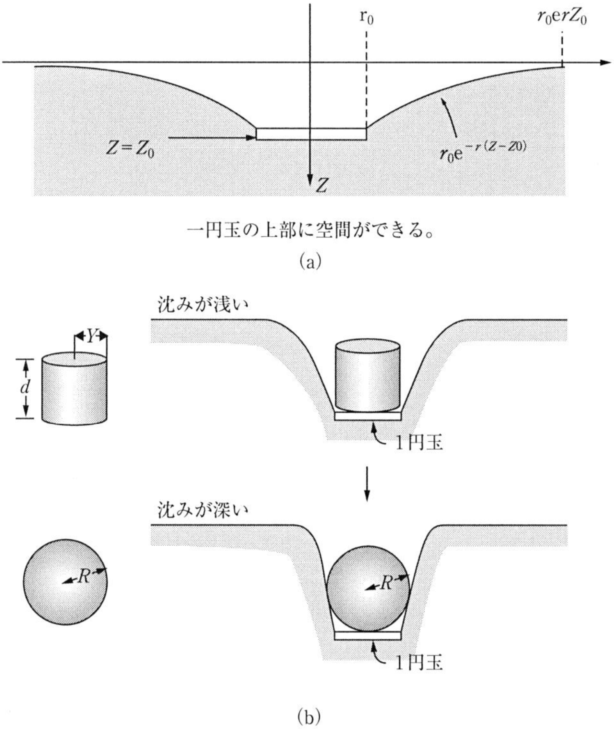
r_0
$r_0 e r Z_0$
$Z=Z_0$
$r_0 e^{-r(Z-Z0)}$
Z
一円玉の上部に空間ができる。
(a)
沈みが浅い
Y
d
1円玉
沈みが深い
R
R
1円玉
(b)

図 12.3 (a) 1円玉が水の表面に浮く理由．水の表面張力に加えて，浮力も大切な寄与をしている．(b) 下図のように沈みが深くなると1円玉は沈んでしまう．1円玉の上の円柱および球については 12.4.2 項参照．これらの図は表面張力の大きさを実際の水よりも誇張して描いてある．

12.3.1 さらに，水面を観察しよう

そこで，1円玉の浮いている状況をしっかり観察してみよう*7)．よく見ると，1円玉はその上の面よりもやや深く落ち込んで止まっているために，周囲の水面を湾曲させているのであった．結局，1円玉の上の面の面積以上の面をくり抜いたように作っている．この場合，浮力は，1円玉の体積分の水の重さではなく，1円玉によって，排除された全体積に相当する水の重さなのである．それが，さらに，0.16 g 重の寄与である．1円玉はその上に，0.16 cm^3 の空間を作っているのである．

---

*7) コップの底に方眼用紙を置いてみるとよい．1円玉の周りで，そのマス目が歪んでいる．

【問題 5】 1 円玉の上部に作られた空間の体積を評価してみよう．1 円玉の中心軸に対して軸対象という仮定は妥当であろう．そこで，1 円玉の表面までの深さ z_0 と上部水面での広がりの円の半径 R を用いて，適当な関数形を仮定して，作られた空間の体積を (z_0, R) で表してみよう．それが $0.16\,\mathrm{cm}^3$ になるような値が妥当かどうかを吟味してみよう[8]．

しかしながら，このような上面のコーン型空間が出来るのも，もとはといえば水の表面にある張力によるものである[9]．

12.3.2 限界点

ここまでの記述では，1 円玉がもっと重くても，上面の空間をどんどん広くすれば，浮力が大きくなるので浮かべられるということになる．が，実際は限界がある．限界には，静的限界と動的限界がある．動的限界には，例えば振動によって生じる水面の波によって，水が 1 円玉の上面に入り込むことが考えられる．動的限界は，その他にも実験条件によっていろいろ考えられる難問である．

ここでは，静的限界について，一つの簡単な考察をしてみよう．図 12.3（b）を見てみよう．1 円玉が深く沈んでいくと，その水の面は円柱形に近づく．すると，水面は球形になろうとする．そこで，円柱形の面と球形の面の大きさを比較してみよう．半径 r の円の上に立つ厚さ d の円柱の側面の面積は $2\pi rd$ である．他方，半径 R の球の表面積は $4\pi R^2$ である．ここで，内包する体積は同じとしよう．つまり，$\pi r^2 d = (4/3)\pi R^3$ の条件を課す．この条件下で，円柱の側面の面積 $2\pi rd$ が半径 R の球の表面積 $4\pi R^2$ よりも小さいという条件を求めると，$d^{1/3} \leq (9/2)^{1/3} r^{1/3}$ になる．つまり，d が $(9/2)r$ より短くあるべきである．そうでないと，球の方が表面積の方が小さいために，円柱は表面張力によって球形に変形してしまう．もはや浮力を与えることは不可能となって，球形になった空気は上にあがり，1 円玉はそれと離れて沈んでいく[10]．

この項で述べた限界点問題の記述が正しいかどうかは，いまだわかっていない

---

[8] 解答例．1 円玉の半径を r_0 とする（実際は $1\,\mathrm{cm}$ である）．指数関数 $r_0 \exp\{-(z-z_0)/a_0\}$ を用いて，1 円玉表面 z_0 と水の面 $(z=0)$ を結ぶ．これを軸の回りで回して得られる回転体の体積を求める．結果は z に関する指数関数の積分となり $\pi a_0 r_0^2/2\{e^{2z_0/a_0} - 1\}$ を得る．ここで，$a_0 = r_0$ と仮定すると，この値は $0.16\,\mathrm{mm}$ となる．この場合，水の表面でのくぼみの円の半径は $2.72\,\mathrm{cm}$ になっている．これは 1 円玉本体の半径の 2.72 倍である．

[9] だから，「浮力の寄与」なんていわないで，単純に「ともかく，表面張力の働きによって，浮いている」という言い方が，間違いとはいえない．もはや文章表現の問題である．自然界の実態よりも文章表現の方が難解という場合も化学と物理学の境界領域にはよくある．

といってよい．研究の最先端がどのように形づけられているのかを感じてもらいたいと思い，あえて小文であるが収録した．

このような静的変形の問題は，実は，上で述べた動的限界と無関係ではない．動的限界を与えるゆらぎが静的変形に乗じて，静的限界の値に達する前に浮力の不安定化を引き起こしているのが，実態なのである．現実というものは難しい[*11)]．

12.4 水に浮かべた小物体を動かす方法

さて，表面張力の大きさを局所的に変えることによる，興味深い実験をしてみよう．図12.4を見てほしい．

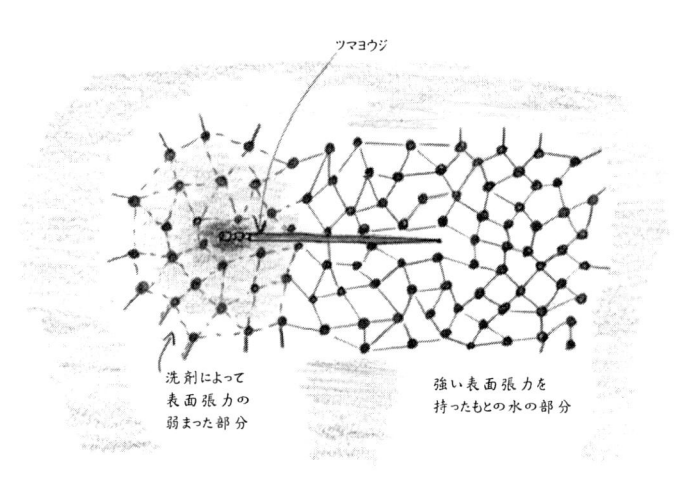

図12.4 ツマヨウジの根元に洗剤をつけて，水の表面に浮かべてみよう．

---
*10) この話は，円柱と球なので，簡単であったが，1円玉の浮力の場合，円筒の代わりに上に開いたコーン型を使うのが本当であることに，すぐ気がつくであろう．コーン型の部分の数学的表現を与える必要がある．実際，研究の第一線では，そのような扱いが議論されている．その際，球形への変形は，途中がくびれるような変形によって起こる（つまりやや小さな球が下部に出来，その上に不完全な球が一瞬出来る）ということも解明されつつある[36)]．ここでは，研究の第一線で扱われている計算そのものではなく，その基礎になる研究精神というものを伝えるために，考え方の共通性を追求しつつも計算としては，簡単化したモデルを用いた．

*11) 微妙なバランスは，不安定化によって，表面張力の弱い点から崩れるであろうから，物体の周囲に異常な点があると，そこから崩れやすくなってしまう．また，形としても，角ばった点は危ない．円形が有利となる．1円玉が水に浮かぶのには，形が丸いことも大切である．なお，アカなどの汚れによっても，表面張力が弱まり，1円玉の側面が濡れてしまうと沈むことになる．ぬれについては第13章で扱う．

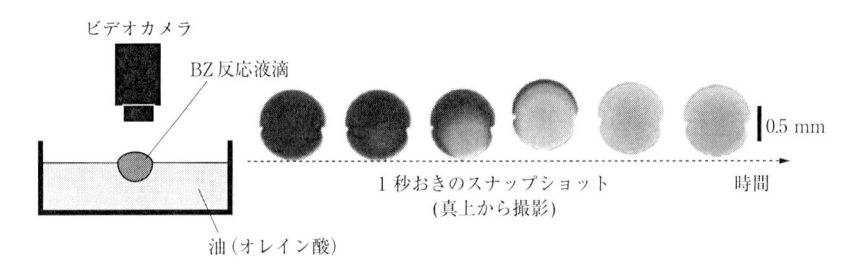

図 12.5 空間的時間的に振動する化学反応系である BZ 反応を起こす液滴を観察したスナップショット．千葉大学理学研究科の北畑裕之，櫻井建成による．

　水に浮かべたツマヨウジは，そのままではある方向へ動き出すことはありえない．しかし，片方の端に洗剤を付けると，反対側に動き出す．まるで，洗剤が動力となっているようだ．これは，洗剤が表面張力の小さな場を作ることで，周囲の水の表面張力が再構成されるためである．この際に出来る水の流れが，このツマヨウジを一緒に動かしている[*12]．ツマヨウジが動くと，表面張力の弱まる場も変わるため，さらに動きが続く．洗剤がほぼ一様に広まるまで，動きが見られる．この現象はマランゴニ（Marangoni）効果と呼ばれている[*13]．図 12.5 はこのマランゴニ効果の最先端の研究で得られたもので，11.4.2 項で述べた BZ 反応をしている液滴の様子である．反応の進行に伴って，表面張力が変化が図の下部から上部へ伝わるため，液滴自体が運動する．

[*12] 動きを与えるエネルギーは洗剤に「潜在していた」といえないこともない．あるいは，洗剤という低エントロピー状態があって，そのエントロピー増大に伴う効果ともいえる．

[*13] 半導体では欠陥のない完全結晶を作る試みが進んでいるが，最後に残る問題の一つがこの効果である．高温で液化させた半導体を冷やしていく際に，冷え方には必ずムラが出来る．すると，表面張力が不均一になってしまう．そのため，表面張力の弱いところから強いところへの流れが起こってしまう．重力場では，これが引き金になって，表面とその下の層間の対流を引き起こす．それは表面においてセルのような模様となる．これが，冷えて出来上がった固体結晶において「欠陥」になってしまう．参考文献は『表面と界面の不思議』[37]．

13. 水の不思議

表面張力が示す様々な現象は,「化学」や「物理学」が確立する以前から人間の関心を集めてきた. また, 現実の生活における実用面でも, いろいろな対応がなされてきた. ここでは, それらを紹介しつつ, 現代の最先端の基礎研究課題でもあり, それが直接, 応用的開発テーマになっていることを述べよう.[38-41]

13.1 毛管現象は水の特異性

表面張力が目に見える現象の一つに毛管現象がある. 図 13.1 にあげたように, ガラス管に対して水と水銀では現れ方が違う. これは表面張力のため, というのはやさしい. 実際, 12.2 節の表 12.1 にあげたように, 水も水銀も大きな表面張力を持っている. しかし, 液面の上昇と下降という, 相反する性質を持つのはなぜだろう. それは, 水とガラスが引き合って, 水がガラスをぬらそうという働きのためである. 実際, (a) のように細い管の中を登っていく. これは, 毛管現象ともいわれている. 他方, 水銀は, ガラスにぬれ広がらずに, はじかれるという性質がある. この「ぬれ」の問題は本章の後半に論じよう.

13.1.1 高密度液体

低温の水と高温の水は異なるものである. 実際, 低温 (1〜4℃) では, 中心角 105 度のクサビがほぼ整列しており, それは氷に似ている. これは水素結合のためである. 温度の上昇によって段々崩れてお互いに入り組み, 密度が高まる. 4℃で密度が最大になる. 図 13.2 を見てほしい. これは, 0〜4℃の水が, 極めて特異な存在であることを意味している. 4℃以上では, 間隔が増して密度が低くなる.

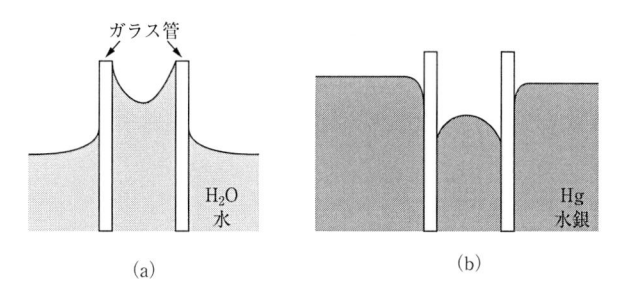

図 13.1 ガラス管に水, 水銀を入れてみる. 表面張力が目に見える現象の一つ.

図 13.2 摂氏4度付近の水．水分子のマガタマのような形が高密度の起因である．水分子一つの形は文献 41) を参考にして描いた．

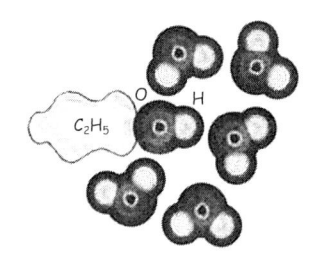

図 13.3 アルコール（エタノール）分子 C_2H_5OH はヒドロキシル（OH）基を持つため，水の極性によって水和する．その様子を模式的に描いてある．OH 基の O の部分が負の電荷を帯び，H の部分が正の電荷を帯びる．そのため前者には水分子の H が，後者には水分子の O が接近する．

13.1.2 水 和

一般に，溶媒和という現象がある．これは，溶質のまわりを溶媒が取り囲むという挙動である．ここで，溶質分子と溶媒分子を結びつける相互作用は，非極性分子の場合は，ファンデルワールス力が重要な働きをする．

この相互作用は，ファンデルワールス力は，電荷密度の量子的ゆらぎの効果である．そのため，実は，あらゆる分子間，分子集団間に普遍的に働くものである．

しかし，水のような極性分子では，（ゆらぎではない）分極による静電的な相互作用が重要な働きをする．実際，水分子は誘電率 ε が 40（真空を 1 とする単位系）という大きな値を持った，極めて分極しやすいものである．これは，水が特異な形をしており，マイナスの電荷を持ちやすい酸素イオンと，プラスの電荷を持ちやすい水素イオンが（全体の大きさに比較して）離れているという事情が効いている．本書で繰り返し紹介してきたアルコールが溶けやすく，その化学ポテンシャルが低くなるのも静電的な相互作用

による安定化のためである．図 13.3 にアルコールが水和を受ける様子を描いてある[*1]．

13.2 疎水性相互作用

水には，中性の分子，特により大きな分子に対しては斥力的な相互作用が主要な役割を演じている．実際，水の中で，接近する傾向があるのは，疎水性相互作用（hydrophobic interaction）のためである．これは，水が短時間（10^{-12} 秒程度）に陽子を組み換えて，強い相互作用をしつつも，液体というエントロピーの高い状態を作っているために生まれる働きである．図 13.4 におおよその概念を描いてある．

水のネットワーク構造（疎水性水和構造）が疎水性分子表面の周囲で形成されるために，水のエントロピーが減少してしまう．そのため，疎水性分子は水分子と接する表面積を小さくしようとする．その結果，疎水性分子同士が近づいていく．それを疎水性相互作用という．つまり，水がエントロピーを大きくしようとする効果，エントロピーによる力なのである．

これが，生体内のタンパク質の振舞いに大きな影響を与えている．実際，多くの生化学の名著には，「疎水性相互作用」の章が，基礎的に重要な課題として，設けられている．これは生化学の本によく見られるが，ここでいう構造というものがどの程度の時間有効

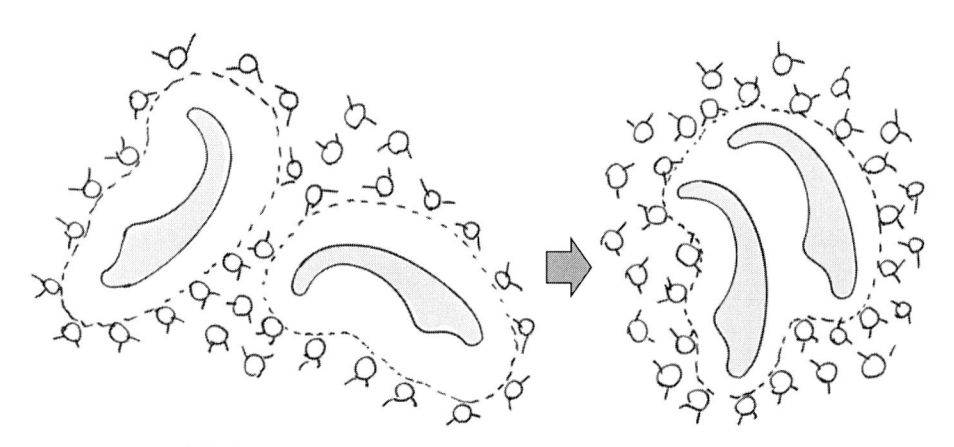

図 13.4 疎水性相互作用のメカニズム．疎水性分子表面の周囲は排除体積と呼ばれ水は並進運動を妨げられている．そこで，分子同士が近づいて有効な排除体積を小さくする．

[*1] さらには，「水素結合」という陽子のかなり自由な（交換的）動きが絡み合ってくる．結果として，水はイオン化しやすい分子，陽子をやり取りして水素結合を作りやすい分子とは，かなり強い，引力的相互作用をする．

な概念であるかは確立されたものではない点を指摘しておく．

むしろ，明らかになりつつある，この相互作用の実態を指摘しておきたい．まずこれは，統計的な効果であって，対象となる水分子の近傍の構造に起因するので，短距離的なものであり，集合平均的なものである．どこにどういう構造があると決めることはあまり意味がない．

ここでは，素朴にヘルムホルツの自由エネルギーを考えよう．
$$F_r(T,V) = U_r(T,V) - TS_r(T,V)$$
この式は第12章で述べたように，示量変数 V を含むため，空間 r 依存性を持つことができる．さて，上記の生化学的標準説明では，上記のネットワーク構造の形成が，単純に内部エネルギーを低める一方，それに対応してエントロピーが下がるために自由エネルギーはかえって高くなってしまうことを意味している[*1]．結局，エントロピー減少の原因で確実なのは，体積の減少のみであるという事実を指摘したい[*2]．

13.2.1 本質の理解と今後の課題

このように，疎水性相互作用の起因は水の並進エントロピーの寄与が本質的であるようだ．ただし，これも，確立されているとは言い難い．しかも，短時間に組み替えられていく，動的なものなのである．これは，統計的な作用なので，統計的なモデルで説明できそうに思えるが，このように動的な面まで取り込んだ具体的なモデルはほとんどない．最近は，大規模な計算機システムを用いたシミュレーション計算が試みられている．その成果が出つつあるが，共通した表現方法，つまり理解の仕方，が得られている段階とはいえない（と筆者は考えている）．生化学分野に限らず，大変重要な問題であるが，今後に残されている課題なのである[*3]．

[*1] それを避けるために，水は大きな分子に対して斥力相互作用を持つ．その結果，大きな分子同士が集まることになる．参考文献として，ソフトマターという観点から，理論展開と実験結果の詳細な検討比較をしてある，今井正幸の名著をあげる[39]．

[*2] 大きな分子によって狭くなった空間に押し込められて水分子がエネルギー的に高くなっていたから，それを低めるために，疎水性相互作用が働くというのが実態なのかもしれない．参考文献は木下正弘『生命現象における水分子の並進運動の役割』（物性研究（京都），89-3,2007）[40]，この解説は，大沢理論，アルダー転移などの排除体積効果理論の概要を学ぶのに適している．なお，氏は，自然界の同じものを研究しているにもかかわらず，物理，化学，生物学の「学界社会的な乖離」があることを指摘している．

[*3] 水の表面張力を再考しよう．第12章で述べた，水の大きな表面張力はいうなれば，水と空気の関係である．疎水性相互作用という言葉を使えば，水の表目張力とは，空気というものが，分極をしない無極性であり，かつ水分子との水素結合も受け入れないという高い「疎水性」のために起こる，ということになる．

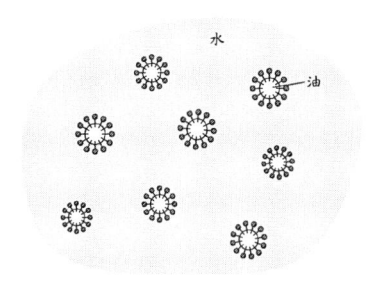

図 13.5 洗剤によって，水のなかに油滴が出来る．細かく散らばるのはエントロピー効果のためである．

13.3 油滴，水滴の形成——水と油を混ぜる方法

水と油は溶け合わないことはよく知られている．水と油の間に働く張力は極めて大きいのである．両者を混ぜようとしても相分離して異なる場所へ偏在する．しかし，その界面の張力をほとんどゼロにする物質がある．いわゆる「洗剤」である．図 13.5 に模式的に描いたように，水のなかに洗剤で囲まれた油滴を作れる．あるいは，逆に油のなかに洗剤で囲まれた水滴を作ることもできる．

この場合，わずかに残っている，張力を考えると，その「滴」は大きくなって，「相分離」と呼んだ方がいい状態になってしまうと想像される．しかし，ここでエントロピー効果が効いてくる．こまかな「滴」を沢山作って，一様に分布した方が，明らかにエントロピーが大きくなるのである．このようにして，表面張力とエントロピー効果のせめぎ合いは，台所で皿洗いをしていると，容易に見られるのである．以下，節を改めて，エマルションという一般的概念で説明しよう．

13.3.1 エマルションの熱力学

ここまで述べたように，水と油は混じり合わないが，何らかの方法で，一方を小さな粒に囲い込めれば，その粒は，系全体に広がった方がエントロピーが高いので，高温では，自由エネルギーが下がって実現する可能性がある．他方，粒の表面は内部に比べて，エネルギーが高いので，そのような細かな分離は解消されて，相分離してしまう．それを回避して小さな粒に囲い込む方法が，乳化剤の添加である．乳化剤によって，系全体に粒が広がっているものをエマルションという．なお，エマルジョンというドイツ語的発音もよく使われている．代表的な例は牛乳である．牛乳は，水のなかに脂肪の粒が分散している状態である．このようなものを，水中油滴型エマルションという．他方，バター，マーガリンは，逆に油のなかに水滴が拡散している．これは油中水滴型エマルシ

ョンという．エマルションの型，どの程度の時間安定出来るかを決めるのは乳化剤である．マヨネーズなどでは，その時間を過ぎて，分離している状態がよく見られる．

13.3.2 エマルションの熱力学的安定性

エマルションはこのように，熱力学的に不安定である．第9章で扱った相図は，系が平衡状態にあるので，化学ポテンシャルの釣り合いという考え方で描くことが出来た．しかし，エマルションは平衡状態でないので，そのような相図は書けない．現実の時間では，平衡状態への進み方が，ゆっくりしていて，ほぼ一定の組成比のように扱えると考えられるかもしれない．しかし，それは，非平衡状態の一点に過ぎないので，同じ条件（温度，圧力）でいつも同じになるという性質ではない．エマルションが作られた状況に依存していて，簡単には予測できないのである．このような，非平衡の性質が前面に出るような問題において，エントロピー概念をどう表現していくかは，未知の問題といえる[*4]．

13.3.3 コロイド

なお，粒が固体の場合まで含めれば，微粒子が，熱力学的には不安定な非平衡状態でありながら，混ざり合っている状態は，決して特殊なものではない．墨汁などの懸濁液や「磁性流体」と呼ばれているものもこれに属する．このような系はコロイドと呼ばれている．

流動性を持つコロイド溶液をゾル（sol）という．これを冷却して固めたものをゲル（gel）という．決して特殊なものではない．例えば，カンテンは，そのようなゲル－ゾル転移を利用して，お菓子などを作るのに利用されている．商品として売られている乾燥させたカンテンはキセロゲルという．これを水に入れて，いったんゾルにしてから使うわけである．

さらに，エマルションにおいて，媒質を気体に拡張すると，微粒子が液体の場合，霧，雲，微粒子が固体の場合，煙，ホコリ（粉塵）などもコロイドにあたる．また，「泡」は液体媒質に気体が分散しているコロイドともいえる．

このようなコロイドに加え高分子，両親媒性分子（親水基，疎水基を供せ持つ分子）の構造体，液晶など複雑な構造に由来する大きな内部自由度を特徴とする物質群にはソフトマターという総称がつけられている．特に分子集合体としての比較的ゆっくりとした動きが特徴で多くの関心を集めている[39]．

[*4] このあたり，プリゴジンの一連の仕事があるが，彼の有名な著書[42]をよく読むと，「一般論は出来ていない」ということを述べている．この見解に対して，読者の意見を求めます．

13.4 ぬ　れ

前章で，1円玉の上部に出来た空間による浮力の重要性を指摘した．この部分では，水面は平面ではなく，曲面になっている．水面の方から考えると，そのような面の歪みが，この部分の安定性に寄与している．そこでは，圧力の差があるはずである．これを面全体で集めたものが浮力になっているという言い方も出来る．ここでは，そのような平面ではない面の張力を「ぬれ」という視点から考える．

13.4.1 固体表面に液体が広がる現象

一般に，「ぬれ」とは，固体の表面を液体で覆うことである．実際は固体と液体の界面での張力 γ_{SL}，液体と空気との界面張力 γ_{LG}（ここでは簡単のため，液体の表面張力 γ_L と記す），固体と空気との界面張力 γ_{SG}（ここでは簡単のため，固体の表面張力 γ_S と記す），の3つの張力が関与している．

さて，$\gamma_S - \gamma_{SL}$ をぬれ張力 A_W と定義する．ここで，パラフィンの上の水を考えよう．丸っこくなっていて，広がらない．そこで，新たに，接触線というものを定義して，それを γ_L の大きさにとると，接触線と固体表面とのなす角度 θ に対して，

$$\gamma_S - \gamma_{SL} = A_W = \gamma_L \cos\theta \tag{13.3}$$

が成立して力学的に釣り合っているという描像が作れる．この θ を接触角（contact angle）という．

接触角の大きさによって濡れの現象が分類できることになる．次頁でこれについて詳しく述べる．図13.6 (a), (b), を見てほしい．

13.4.2 ぬれの3形態

ぬれといっても，実は人間の操作に関係しているので，形態はいろいろある．このあたりが，ぬれ問題の興味深いところである．

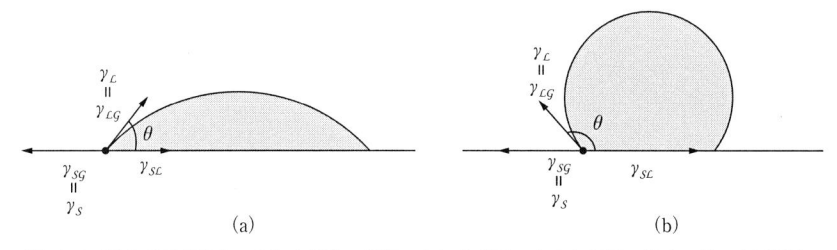

図13.6　固体表面が液体でぬれる現象．気体の寄与も重要である各界面に働く3種の表面張力 γ_{SL}, γ_{LG} および γ_{SG} の釣り合いが液体の広がり方を決めている．

一般に以下のような分類がなされている．
① 完全ぬれ（$\theta=0°$ 付近）
② 盛り上がりぬれ（$\theta=90°$ 以下で $\theta=10°$ あたりまで）
③ 接触ぬれ（$\theta=180°$ 以下 $\theta=90°$ 以上）
の3つである．

まず，接触角が $0°$ だと，どこまでも液体は広がっていく．むしろ液体という言い方がおかしい．引力の働かない粒子集団がどんどん広がっていく．粒子の層は，どんどん薄くなっていくであろう．現実には，ファンデルワールス力が働くために厚みには下限があって，平面への広がりは止まるので無限に広がることはない．

θ が鋭角の場合，A は正となって，液体は固体をぬらすが，液体と気体間の表面張力 γ_S が，液体が広がりにブレーキをかけて終端を作っている．他方，θ が鈍角になると，A は負となって，液体は固体をぬらしにくい．液体と気体間の表面張力 γ_S は液体が球形に丸くなる傾向にブレーキをかけている．境目の $90°$ では，γ_S とは別に，$\gamma_\mathcal{L}$ と $\gamma_{S\mathcal{L}}$ が釣り合っている状態である[*7)]．

13.4.3 1円玉を浮かす問題，再考

前章12.3節の1円玉が表面張力の効果で浮くという問題にも，実はぬれの問題が関与している．図13.7を見てほしい．右側のようにアルミ面がきれいになっていて，しっかり水をはじいており，接触角が $90°$ 以上になっていることが重要である．もし，アルミ面に汚れがあると，左側のように $90°$ 以下になってしまい，1円玉の側面がぬれてしまう．そうなると，表面張力は働かず，1円玉は沈んでしまう．

ぬれ方は，応用面でも重要である．例えば①の完全ぬれは，いわゆる塗料，メッキ，ハンダ付け，などがあてはまる．メッキが滑らかに仕上がるか，失敗して，ゴツゴツしてしまったり，樹枝状結が出来たりする問題は，実は第9章の電解質溶液の電気伝導の問題と密接な関係がある．課題の項目分けは人間の都合であり，全ての現象は多くの問題が絡み合っているのである[*8,9)]．

[*7)] なお，②の盛り上がりぬれは，前節で扱った「水の毛管現象」そのものである．毛管というガラスの表面に広がっていくぬれである．$\theta=90°$ より小さいことが要請される．もし，$\theta=90°$ より大きいと，毛管内を下降することになる．これは，接触ぬれというべきで，13.1節で述べた水銀の「毛管現象」にあたる．

[*8)] ②の盛り上がりぬれの応用は，いわゆる，染色，顔料である．接触ぬれは，むしろぬれを防ぐ，撥水加工，くもり止めなどが対応している．

[*9)] 水をはじく素材は，θ が出来るだけ大きくなるように作られている．もし，接触角が $180°$ に近くなると，球形の液滴になってしまう．例えば，ワックスを伸ばしてピカピカに光っている床に水をこぼしても，コロコロとした水滴となってしまい転がってしまいぬれない．つまり，水のシミ汚れは出来ないことになる．

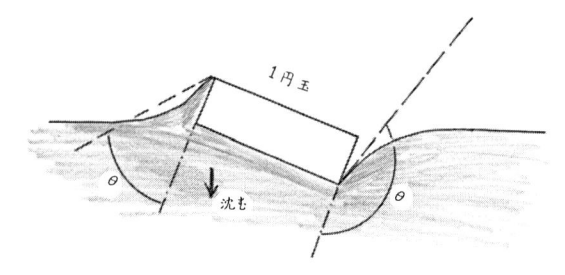

図13.7 1円玉も，汚れがあると側面が濡れてしまい，接触角が鋭角になる．そうなると，もはや，表面張力は働かず，沈んでいく．

13.5 撥水性の起因

今まで，固体の面は平滑であると考えてきた．しかし，実際の面は，平滑ではない．②の接触ぬれの場合は θ が $90°$ より大きい場合，表面に液滴の大きさに準ずる突起があるとそれに液滴が乗っかるという幾何学的構造が，水をはじくという性質を与える．おおよその概念を図13.8に描いておく．木の葉の表面の朝露が丸いのは，そのような突起構造による．図13.9に電子顕微鏡による蓮の葉の表面写真と，著者の実験による超

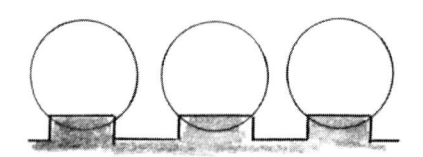

図13.8 表面にある突起によって水をはじく模式的説明図．

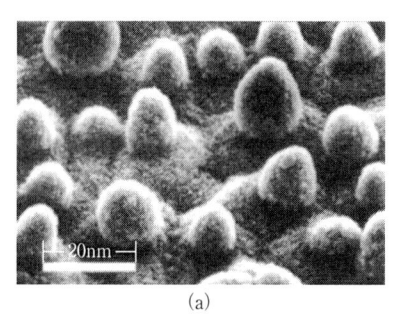

(a)　　　　　　　　　　(b)

図13.9 (a) 蓮の葉の表面の電子顕微鏡写真．（文献43）図9.13より．）(b) 超撥水性網上での水滴の様子．これは富士コスモサイエンス製で，網にアデッソWR1を塗ったもの．主成分はイソパラフィンとシリカ．網目が突起の役割をしている．

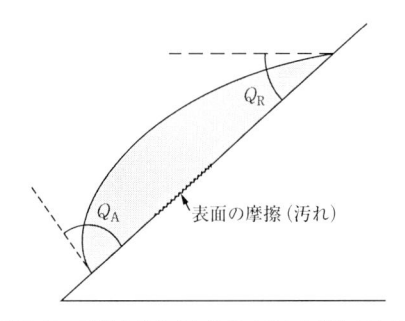

図 13.10 接触角が前方と後方で異なる現象がある.

撥水性の写真を載せておく[*10]．

このように，ぬれとは，表面張力と，表面の幾何学的構造の絡み合いによって起こっている．それらにおいて，表面の汚れという問題が重要であることはいうまでもない.

13.5.1 接触角の履歴—ヒステリシス

研究の第一線では，ぬれのヒステリシスの問題が盛んである．これは，接触角が，それまでの液体の経歴（つまり実験状況）に依存する現象である．例えば，ぬれた部分を図 13.10 のように重力場中で傾けると，進む方向と，後ろで接触角が異なる．進む方向の接触角がどんどん大きくなって，後ろの部分の接触角は小さくなってしまう．これは，雨の滴の動きを観察していてもわかる．しかし，原因は，いまだに明確になっていない．表面の摩擦という概念がどこまで適用できるのであろうか？

13.5.2 表面の汚さ

ヒステリシスには，表面の汚れを含む微細構造が関与しているらしい．そこで，進む方向の接触角から，後ろの接触角を引いた角度差によって，汚さの指標にすることも行われるようになっている．汚い表面では，角度差は 50° 以上であるが，きれいにしてゆくと 5° 以下になるそうだ．窓ガラスを汚くしておくと，水滴がつきやすい.

その汚れとは何かというのは，難しい問題である．かなりミクロな構造が反映しているらしいことがようやくわかってきた，という段階である.

[*10] 蓮の葉に水滴を乗せて，それを転がすという遊びがある．「ぬれて広がる水」とは別の姿に驚く．撥水性の実験をしているわけである.

A. 付録—イオンの周りに集まるイオンの効果

電解質溶液中でのイオン集団の存在の仕方について，デバイ-ヒュッケルの理論を紹介する．これは，第6章の共役量による仕事の表現，第9章の電気伝導，第10章の混合エントロピー効果，第13章のコロイドなどに関係する広い範囲で有用な理論である．

第10章で溶媒に溶質が溶け込んで混合した際の，エントロピー効果を濃度の線形の範囲で論じた．そこで，対象とした溶質は中性の分子である．実際，中性の溶質の場合，線形の議論は，かなりの濃度まで成り立つ．他方，イオンになる溶質では，極めてわずかの濃度の範囲でしか成り立たない．イオン間の距離がいまだ離れている段階のうちにずれてしまい，あたかも混合によるエントロピー増加が妨げられるような振舞いをする．それを説明する理論がデバイ-ヒュッケルの理論である．まず，図A.1のイラストを参考にしてほしい[*1]．

図A.1 イオンのまわりのイオン群の様子．陰イオンの周りに陽イオンが集まり，陽イオンの周りに陰イオンが集まる．結果的にクーロン力は遮蔽されて，相互作用の有効的な距離が短くなっている．それが，中心イオンからのイオン雰囲気域であり，点線の円で描いてある．女の子のまわりに男の子が，男の子のまわりに女の子が集まっているが，同性の子同士が孤立しているわけではない．

[*1] P. Atokins, J. de Paula, R. Freidman "Quanta, Mattere, and Chnage"[44] の p. 545, Fig. 16.43 を参考に筆者の観点で描き直したものを図の素案にした．イラストはまいか工房．

このように，負イオンの周りには正イオンの集団が形成される．また，正イオンの周りには負イオンの集団が形成される．異種のイオンが近づきつつ全体を中性に保っている様子を想像してほしい．これをデバイ-ヒュッケル雰囲気域という．この考えはいろいろなところで使われている．第9章の電解質溶液に入れられた電極の2重層も，いうなれば，電極の周りのイオンによるデバイ-ヒュッケル雰囲気域であるといえる．

条件としては，溶液であるので，拘束条件として，全体的には中性であって，

$$e\sum_i z_i n_i = 0 \tag{A.1}$$

の式を使う．全ては，この拘束下の話である．また，静電的エネルギーを受けての熱運動は難問であるが，ここでは，充分温度が高く，熱運動に比べて，イオン間相互作用の寄与が小さいという条件を使う．つまり，イオンは近接した溶媒の水分子とぶつかり合って，熱運動をしつつ，相互作用もわずかに受けているという状況である．そのため，温度 T でのボルツマン分布で分布が記述できる．あるイオンに着目すると，周りのイオンの，分布は対称性から球対称である．着目イオンからの距離を r とおく．種類 i のイオンの数密度 ρ_i は

$$\rho_i = \frac{z_i e n_i}{V} \exp\left(-\frac{z_i e \phi(r)}{k_B T}\right) \tag{A.2}$$

である．これを i について和をとったものが全体のイオン濃度 $\rho(r)$ である．

$$\rho = \sum_i \frac{n_i z_i e}{V} \exp\left(-\frac{z_i e \phi(r)}{k_B T}\right) \tag{A.3}$$

上記の高温条件より，指数分布を展開して1次まで残す．

$$\rho = \sum_i \frac{n_i z_i e}{V} \left(1 - \frac{z_i e \phi(r)}{k_B T}\right) \tag{A.4}$$

ところが中性という拘束条件より，右辺第1項は消えて，

$$\rho(r) = -\frac{e^2}{k_B T} \sum_i \frac{z_i^2 n_i}{V} \phi(r) \tag{A.5}$$

となる．ところがこれは，電位分布 $\phi(r)$ と電荷密度 $\rho(r)$ を与えるもので，比誘電率 ε の媒質中でのポワソン（Poisson）の微分方程式

$$\Delta \phi(r) = -\frac{\rho(r)}{\varepsilon_0 \varepsilon} \tag{A.6}$$

の球対称解の形，

$$\frac{1}{r^2} \frac{d}{dr} r^2 \frac{d\phi}{dr} = -\frac{\rho(r)}{\varepsilon_0 \varepsilon} \tag{A.7}$$

になっている．ここで，ε は溶媒の誘電率である．第13章で，水は誘電率が異常に大きい（$\varepsilon/\varepsilon_0 = 40$）ことを指摘した．ここからはポテンシャルの一般論を参考にしてほしい（力学での重力場，電磁気学でのクーロン場でよく論じられている[45]）．ともかく，式（A.5）を式（A.7）に代入して，

$$\frac{1}{r^2}\frac{\mathrm{d}}{\mathrm{d}r}r^2\frac{\mathrm{d}\phi}{\mathrm{d}r}=\frac{1}{\lambda^2}\phi \tag{A.8}$$

が得られる．ここで右辺の定数λは，長さの次元を持たせるようにしてある．もちろん，このモデルでは

$$\frac{1}{\lambda^2}=\frac{e^2}{k_\mathrm{B}TV\varepsilon_0\varepsilon}\sum_i z_i^2 n_i \tag{A.9}$$

である．この式（A.8）の一般解は

$$\phi(r)=A\frac{e^{-(r/\lambda)}}{r}+B\frac{e^{+(r/\lambda)}}{r} \tag{A.10}$$

と記せる．しかし，ここでは，充分遠いところ($r\sim\infty$)では消えることから$B=0$である．また，$r\to 0$では，イオン雰囲気の影響はなくなって単に$ze/(\varepsilon r)$になるはずなので，係数 A もze/εと決まる．結果として

$$\phi(r)=\frac{1}{4\pi\varepsilon_0}\frac{ze}{\varepsilon r}e^{-(r/\lambda)} \tag{A.11}$$

を得る．この形は，中心に源を持つクーロンポテンシャルが，ある長さλで遮蔽されていることを示している．周りのイオン雰囲気によるさえぎりである．その長さをデバイ-ヒュッケルの特性長という．以後，λ_DHと記す．式（A.11）を，さらに，距離r/λが小さいところで展開すると，

$$\phi(r)=\frac{1}{4\pi\varepsilon_0}\left(\frac{ze}{\varepsilon r}-\frac{ze}{\varepsilon\lambda}\right) \tag{A.12}$$

となる．第 1 項は着目したイオンの電荷による電位であり，第 2 項が周りのイオン雰囲気が作る着目イオンでの電位である．省略した第 3 項以降は$r=0$で消える．これで，着目しているイオンでの電位が求まったので，イオン雰囲気によるエネルギーが第 2 項の電位と電荷eの単純な積

$$w'=ze\times(\phi\text{ の第}2\text{項})=-\frac{1}{4\pi\varepsilon_0}\frac{z^2e^2}{\varepsilon\lambda_\mathrm{DH}} \tag{A.13}$$

のように思ってしまうかもしれない．それは正しくない．イオン雰囲気を形成するとは，電荷がゼロから，ゆっくりと今の値eに増えていった結果なのである．もちろんそれは仮想的な操作ではあるが，熱力学では（電磁気学でも）大切な概念である．このような仮想的操作に基づく形成によってイオン雰囲気に蓄えられたエネルギーを求めるにはeをηeとおいて，$\eta^2 e^2$を$\eta=0$から$\eta=1$まで積分したもの，つまり，

$$\int_0^1 e^2\eta^2\,\mathrm{d}\eta=\frac{e^2}{3} \tag{A.14}$$

という因子がつく[2]．つまり，蓄えられた仕事W_DHはいろいろなイオン種を考えて，

---

[2] この考え方はいろいろな分野で見られる．電気容量Cのコンデンサーの電荷Δqを与えるには$C\Delta q$のエネルギーが必要だが，コンデンサーが電荷qを蓄えるために要した仕事は，$q=\eta q$とおいて，ηについて 0 から 1 まで積分した$(1/2)Cq$である．

$$W_{\mathrm{DH}} = -\frac{1}{4\pi\varepsilon_0}\frac{1}{3}\frac{e^2}{\varepsilon}\sqrt{\frac{e^2}{k_\mathrm{B}TV\varepsilon}}\left(\sum_i z_i^2 n_i\right)^{3/2} \tag{A.15}$$

である．ここで，体積 V とは，溶媒分子 1 つの占める基本体積 v_0 と溶媒分子数 N の積であるので，

$$W_{\mathrm{DH}} = -\frac{1}{4\pi\varepsilon_0}\frac{1}{3}\left(\frac{1}{k_\mathrm{B}Tv_0}\right)^{1/2} N^{-1/2}\left(\frac{e^2}{\varepsilon}\sum_i z_i^2 n_i\right)^{3/2} \tag{A.16}$$

と記せる．この操作は，等温を保ちながら，可逆的に実行されるわけである．そのため，そのまま熱力学で，共役な変数での仕事の表現，例えば，$V\mathrm{d}P$ を思い起こさせる．これは $G(T, P)$ において 1 つの仕事のセットとなっている．そこで，これを $\Xi\mathrm{d}\eta$ と置こう．ギブスの自由エネルギーへの寄与 G_{DH} がこの W_{DH} で表されることになる．

今，電荷の間に働くクーロン力が起源なので，着目イオンの電荷と周辺イオンの電荷の積の 3 乗である $(ez_i)^3$ がつく点に注意しよう．ともかく，この静電エネルギーによる安定化（G の減少）は，エントロピーとしては減少していることを示している．それは，イオン雰囲気という静電的秩序のためにエントロピーの増大が抑えられたためである．そこで，対応する化学ポテンシャルへの寄与 μ_{DH} は，

$$\mu_{\mathrm{DH}} = \frac{\partial G}{\partial N} = +\frac{1}{4\pi\varepsilon_0}\frac{1}{3}N^{-3/2}\sqrt{\frac{1}{k_\mathrm{B}Tv_0}}\left(\frac{e^2}{\varepsilon}\sum_i z_i^2 n_i\right)^{3/2} \tag{A.17}$$

となって増加の寄与をする．これは，混合による化学ポテンシャルの低下が打ち消される傾向を意味する．混合エントロピーによる浸透圧などの数に伴う効果（束一性のある側面）は，温度に比例し，イオン濃度 n_i に比例して大きくなる．これは線形では当然である．ところが，それを妨げるイオン雰囲気の効果は $T^{-1/2}$ という形であり，温度が低いと影響がおおきい．また $n_i^{2/3}$ という形で，妨げてくるので，線形性を崩すことになる[*3]．結果，第 10 章で論じた浸透圧は弱められることになる[*4]．

特性長について論じてみよう．式（A.10）より，

$$\lambda_{\mathrm{DH}} = \sqrt{\frac{k_\mathrm{B}TV\varepsilon\varepsilon_0}{e^2\sum_i z_i^2 n_i}} \tag{A.18}$$

となる．温度の 1/2 乗に比例して長くなっている．また，イオン濃度の $-1/2$ 乗に比例している．つまり，イオン濃度が大きくなると，特性長は短くなる．この特性長を，具体的に求めてみよう．これを数値的に評価してみよう．イオン強度という量を

[*3] この理論は電解質溶液に対して作られたものであるが，高温におけるプラズマ（電子と陽子の集団など）にも適用できる．この場合，雰囲気を作っているのはもっぱら質量の小さな電子である．さらに，驚くべきことには，この概念は，金属中の電子とイオンの系にも使える．それはトーマス–フェルミによって作られた．ただし，デバイ–ヒュッケル理論のなかの温度が電子のフェルミ縮退温度 T_{Fermi} に修正され，特性長はトーマス–フェルミの遮蔽長 λ_{TF} と呼ばれている．これらでは軽い電子の動きを遮蔽効果としてとらえているが，本質は変わらない．

[*4] ここでは特に，木原太郎『化学物理入門』[24] および氏の講義を聴いた時のノートを参考にした．

$$I=\left(\frac{1}{2}\right)\sum_i z_i^2 \frac{n_i}{N_\mathrm{a}}\frac{1}{V} \qquad (\mathrm{A}.19)$$

で導入する．1/2は各対を数えると1つの対が2重に数えすぎるための補正である．また，k_BにN_aをかけると気体定数Rになり，eにN_aをかけるとファラデー定数Fになることから，

$$\lambda_\mathrm{DH}=\sqrt{\frac{RT\varepsilon\varepsilon_0}{2F^2I}} \qquad (\mathrm{A}.20)$$

が得られる．イオンが，1モルが1l中にあるという場合，数値をあたると，約0.3 nmとなる．これは水分子1つの長さである．また，陰イオンの半径程度なので，着目するイオンの半径の2倍のあたりまで膨らんで，占拠体積が8倍になってい雰囲気空間を形成しているといえる．これは，第9章で議論した，電気2重層の厚みでもある[*5]．

[*5] この理論の欠陥も指摘しておくことが，今後の発展につながるであろう．イオンの電荷分布を連続体とみなしている点，中心のイオンを点電荷と考えている点は改良すべきである．しかし，現実問題として，抜け落ちている重要な効果はイオンと溶媒，つまり水との相互作用である．水に取り囲まれたイオンは自由には他のイオンと相互作用できなくなるであろう．

あとがきと参考文献

　ここまで読まれ,「どうしてもっと進めてくれないのだろうか」と思われる方もいるかもしれない. 第10章で, せっかく, 個性あふれる現実の溶液の混合を表現する,「活性」にまできたのに, そこで切れている……, あるいは, 第11章の電離平衡の議論はほんの入口であって, これを展開して, 第8章の電池, 第9章の電解質の電気伝導と結びつけられると読み応えがあるのに……, そして, 化学反応についても力学モデルにつながるその先の議論がおおまかすぎる……, などなど様々な意見が聞こえてきそうだ.

　しかし, それらについては, すぐれた専門書がある. 本書を足がかりとすれば, それらの専門書が読みやすいであろう. 例えば,「電気化学」あるいは「化学反応論」の専門書を開いてほしい. 全ては, ここで書かれていることの拡張であると感じていただければ, 幸いである.

　第12章, 第13章も, 入門の「ニュ」に過ぎないが, 化学と物理学の間にこんな豊かな領域が広がっていて, 未知の課題にあふれていることを実感していただければと思う.

　また, 説明のわかりやすさを優先したため, 正確さを犠牲にしたところも多い. 読み返すと, 冷や汗をかく思いである. 例えば, 第10章の大豆とゴマのモル体積モデルは, 実は, 問題がある. 重力場中では, 揺すっていると, 密度の小さな大豆が, 密度の大きなゴマの上部に出てきて,「相分離」をする傾向があるのだ. というわけで, 混ざり合った状態が平衡状態かどうかは, 微妙な問題がある. しかし, それを, 本文中で持ち出すと, 身近な例をあげた甲斐がなくなってしまうと思い, その記述は避けた.

　さて, 化学, 物理学, 物質科学が進歩し, その解説書も増えてきた. しかし, ひとつ心配な点がある. 自然に境目はないが, 本書の内容から先あたりは, どうも, 化学と物理学で科目としての分離がはっきり起こってしまうようである. そのような分離のもとは, 事実が1つとしても, それを説明する論理体系が複数あることよるのであろう.

　もっとも, 説明という体系が, 時代とともに変化することが, 科学の進歩でもある. という意味で, ここで述べた説明が, 永久的に通用すると思わないほうが

よい．しかし，ある段階で，ある形式で，説明しておくこは，将来それを乗り越えるとしても，大切なことである[1]．

科学のあらゆる科目は，自然の素晴らしさを味わう（理解して活用する）手段であって，学問としての体系化といえども，その便宜のためのものに過ぎない．時がきたら，体系を着替えて，さらなる先へ進むことになる．この自由な精神を伝えたいというのも，本書を書いた動機である．

とはいえ，本書を生み出すこの苦労が本当に価値あるものとなるかどうかは，ひとえに読者にこの本をいかに活用していただけるかにかかっている．本を書くたびに，本は著者と出版社との共同作品だと実感するが，本書はそこへ読者も加わっていただきたいというのが書き終えた著者らの偽らざる心境である．

なお，著者の講義を受講した千葉大学の学生にも，有意義な討論に感謝します．また，図は，あえて整理された無機質なものを避け出来るだけ手書き風に工夫して描いてみました．ただし，図 1.1 および図 A.1 のイラストについては，まいか工房に描いてもらいました．

参 考 文 献

あとがきの最後に，文献リストを著者らの素直な感想とともにまとめて紹介する．

1) 戸田盛和：『エントロピーのめがね』（岩波書店，1987）．
   図 3.2 のマクスウェルの悪魔はこの本の図「デモン」を参考にして，ここから作成した．
2) 宮下精二：『熱・統計力学』（培風館，1993）第 8 章．
   温度の定義に工夫がある．
3) 國友正和：『基礎熱力学』（共立出版，2000）．
   このページ数で，この内容の盛り込みはすごい．90 ページで本質を説明している．
4) F. Reif："*Statistical Physic*（Berkeley Physics Course, Vol. 5）"（Mcgraw-Hill, 1967）．邦訳は，久保亮五監訳：『統計物理学　上・下（バークレー物理学コース 5）』（丸善，1970）．および F. Reif："*Fundamentals of Statistical and Thermal Physics*"（McGraw-Hill, 1965, （新

---

[1] その視点に立つと，思えば，熱力学の本には 2 つの主義がある．ひとつは，「熱学原理主義」というもので，熱力学はそれ自体で閉じた体系であるという立場である．もうひとつは，量子論至上主義に基づく「近似主義」というもので，熱力学は量子統計力学の巨視的近似論であるという立場である．実際，この両派の対立は，根強く，大先生方が，激しく論争しているのを見たこともある．私は「えらい先生方は，学問の位置付けという体系化が好きなのだなあ」と関心してしまう．しかし，本書をここまで，読まれた方は気がつかれたであろう．熱力学はどのように体系化されなければならないという「主義」などは全く書かれていない．あるいは，そのようなものから離れて，この豊かな自然を捕らえて，それをどこまで描けるか試みてみようという気持ちが優先している．本書から「主義」としての矛盾点を指摘するのはたやすい．それも，「熱学原理主義」，「近似主義」の両方の立場から，簡単に批判出来る．

装版 2008))．邦訳は，小林祐次，中山壽夫訳：『ライフ統計熱物理学の基礎』（吉岡書店，1977）．

　本書の図 1.2, 1.3 は前者の図 1.16, 1.18 を参考にして描いた．また，本書の 6.4 節のエントロピー発生の問題は後者の章末の演習問題で問題 5.12 を参考にした．

5) P.W. Atokins："*The Second Law*"（W.H. Freeman and Company, 1986）．邦訳は，米沢登美子，森　弘之訳：『エントロピーと秩序』（日本経済新聞社，1992）．

　こういう本がきちんと出るというのが，アメリカの底力だと思う．

6) R.P. Feynman, R.B. Leighton, M.L. Sands："*The Feynman Lectures on Physics*"（Addison-Wesley, 1965, Vol.1.）．

　講義録．氏が，生涯で最高の仕事といったもの．

7) 夏目雄平，小川建吾：『計算物理 I（基礎物理学シリーズ 13）』（朝倉書店，2002）．

8) 夏目雄平，植田　毅：『計算物理 II（基礎物理学シリーズ 14）』（朝倉書店，2002）．

9) 夏目雄平，小川建吾，鈴木敏彦：『計算物理 III―数値磁性体物性入門―（基礎物理学シリーズ 15）』（朝倉書店，2002）．

　計算物理 I は次元の議論，II は微分方程式の解説に特徴があり，III で計算と理論・実験の関係を解説している．

10) 押田勇雄：『物理学の構成（新物理学シリーズ 1）』（培風館，1968）．

　読み返すたびに，新しい発見のある楽しい本．

11) 高木貞治：『解析概論』（岩波書店，1961）．

　これは不朽の名著という言葉の意味そのもののような本である．数学の持つ基礎論理の香り高さと実用性が噛み合っている．

12) 国立天文台編：『理科年表　平成 22 年度版』（丸善，2009）．

13) 日本物理学会編：『物理データ事典』（朝倉書店，2006）．

　B5 サイズ，500 ページであって，講義の時に持ち運びできる大きさで便利．p.207 に水の相図の 3 次元表現もある．著者も分担執筆者の一人で，「バンド構造」を担当した．

14) 都築卓司：『なっとくする熱力学』（講談社，1993）．

　本質をつく説明，（例えば，「エントロピーは「ことがら」であって，気体は等温膨張しても仕事と一緒に外へ渡したりしない」）に満ちている．

15) 潮　秀樹：『物理化学の基本と仕組み』（秀和システム，2005）．

　丁寧な説明で，理解しやすい．図も工夫してある．さらに続編を期待したい．

16) 小野　周，小出昭一郎：『演習　熱力学』（共立出版，1959）．

　特に断熱変化に詳しい．堅実な演習書．

17) 久保亮五編：『大学演習熱学・統計力学』（裳華房，1961）．

　演習書を超えた本．例題を解くだけでもかなりの実力がつく．大学院受験生には「まず，この本の例題をすべて解け」と言っている．

18) N.H. Fletcher："*The Chemical Physics of Ice*（Cambridge Monographs on Physics）"（Cambridge University Press, 1973），邦訳は，前野紀一訳：『氷の化学物理』（共立出版，1974）．

　氷に関する古典的名著．本書の図 2.1 はこの本の図 2.3 を使用した．

19) 都築卓司：『物性物理学』（森北出版，1985）．

　わかりやすい説明で右に出る人はいない，といわれた人．エントロピーは「量」では

20) 塩井章久：『物理化学〈1〉(理工系基礎レクチャー)』(化学同人, 2007).
とてもわかりやすい本である．本書でも，化学ポテンシャル，理想溶液の概念，エマルション，などで軽妙でありつつ本質を突く記述のうまさを味わい，参考にした．特に，化学科の学生にすすめたい本である．熱心で，素晴しい化学の先生なので，化学と物理の境界よりも，化学固有の定義の説明に情熱を燃やしている（もちろん，それらも抜きんでた素晴らしさがある）．例えば，デバイ-ヒュッケル理論を省略して，反応物の活性と起電力の関係を示すネルンストの式を論じている点など，補足講義が必要と感じた．おそらく紙面の制約のためであろう．制約のない解説書企画を切望する．

21) 吉岡甲子郎：『物理化学大要』(養賢堂, 1966).
この方の淡々とした講義は，受講当時，学生としてもの足りなさを感じた．でも，すごい能力を持った方だったことはこの本でもわかる．

22) 井上勝也：『現代物理化学序説』(培風館, 1974).
図，写真がきれいである．2000年ぐらいから一般的になってきた，図版のコンピュータ化が，本当に図を見やすくしているか，この本を見て一考に値する．

23) 久下謙一，大西　勲，島津省吾，北村彰英，進藤洋一：『物理化学（基本化学シリーズ6)』(朝倉書店, 1996).
物理化学の広い領域を11章125ページにまとめてある．便利な本である．なお，内容はかなり高度である．

24) 木原太郎：『化学物理入門（岩波全書298)』(岩波書店, 1978)，および氏の講義.
楽しい本．分子論から宇宙論，流体力学から量子論まで駆け巡る，氏の講義に聞き惚れたのは私の20代の青春の思い出である．この本には，気体分子運動論と不確定性原理から，統計力学の分配関数を求める過程が書いてある．本書で取り入れたかったが，紙面の制約で諦めた．

25) 今堀和友：『基礎物理化学』(東京化学同人, 1967).
こんなに化学をわかりやすく講義する人はいない，と感激した本．

26) 杉原剛介，井上　亮，秋原英雄：『化学熱力学中心の基礎物理化学　改訂第2版』(学術図書出版, 2003).
内容が精緻で，読みやすい．

27) 清水　明：『熱力学の基礎』(東京大学出版会, 2007).
示量変数であるエントロピーを基点とし，熱量はもちろん，温度という量も付随的量に過ぎないという一貫性のある論理のもとに美しく書かれている．氏の卓越した才能を感じる．ある意味で，本書を読み終えた後にこの本に取り組むのが，最高の学問手法かもしれない．

28) 田崎晴明：『熱力学（新物理学シリーズ32)』(培風館, 2000).
随所に個性的な議論があり骨太な名著に仕上がっている．

29) 久保亮五：『統計力学（共立全書11)』(共立出版, 1952).
今回，改めて読み返してみたが，初版から50年以上経っても，決して古くないテキストである．

30) 渡辺　正，中林誠一郎著，日本化学会編：『電子移動の化学』(朝倉書店, 1996)，および，

渡辺　正，金村聖志，益田秀樹，渡辺正義：『電気化学』（丸善，2001）．
　　電気化学の本質が書かれている．これらの本の著者に高校化学の教科書の改革に乗り出してほしい．
31) 数研出版編集部：『フォトサイエンス化学図説　改訂版』（数研出版，2007）．
　　高校化学副読本として定評がある．すばらしい本であるが，編集代表者がわかりにくく統一した描像が見つけにくい．
32) 妹尾　学：『熱力学』（サイエンス社，1977）．
　　非平衡系の専門家による力作．
33) N. E. Henriksen and F. Y. Hansen : "*Theories of Molecular Reaction Dynamics; The Microscopic Foundation of Chemical Kinetics*" (Oxford University Press, 2008).
　　この本では，多くの物理化学のテキストで，化学反応論において動力学的な扱いが不正確と指摘している．
34) 福岡伸一：『世界は分けてもわからない』（講談社，2009）．
　　分子生物学において，酵素を研究することは何か，という問題を正直に書いてある．生化学の幾多の酵素を仲介とした，あまりに精密な細胞神経内伝達経路の仕組みにただただ驚いていた私は，あまりに単純だった．新書なので電車内でもたやすく読める．
35) I. Prigogine and D. Kondepudi : "*Thermodynamique*" (Odile Jacob, 1999)．邦訳は，妹尾学，岩本和敏訳：『現代熱力学―熱機関から散逸構造へ』（朝倉書店，2001）．
　　熱力学入門書として教育的である．特に，非平衡状態への導入はすぐれている．展望の章は，結局，非線形非平衡系の問題は，未解決だということを述べている．
36) S.A. Safran, "*Statistical Thermodynamics of Surfaces, Interfaces, and Membranes*" (Preseus Books, 1994)．邦訳は，好村滋行訳：『コロイドの物理学』（吉岡書店，2001）．
　　間口を広げるよりも，ゆらぎ，不安定性の説明を重視した見識の高い本．
37) 丸井智啓，村田逞詮，井上雅雄，桜田　司：『表面と界面の不思議』（工業調査会，1995）．
　　軽いタッチだが，深い問題ということになるのは，表面と界面の本質なのか．共著であるためか，やや統一性に欠ける点が残念．
38) 田中文彦『ソフトマターのための熱力学』（裳華房，2009）．
　　この表題で，読者が限られてしまって残念．熱力学から化学物理への橋渡しをする内容で，教育的示唆に富み，さらに研究課題提起を含んでいる．
39) 今井正幸『ソフトマターの秩序形成』（シュプリンガージャパン，2007）．
　　理論をきちんと説明してありながら，対応する実験を詳細にあげて比較してある凄味のある本．
40) 木下正弘：「生命現象における水分子の並進運動の役割」（物性研究（京都），89-3, 2007）．
　　生化学の本の疎水性相互作用の項と比較して読むと，とても面白い．
41) P.R. Bergethon : "*The Physical Basis of Biochemistry*" (Springer-Verlag , 1998)．邦訳は谷村吉隆，佐藤哲文，依田隆夫，秋山　良，藤村　進，奥村久士訳：『ベルゲソン生化学の物理的基礎』（シュプリンガーフェアラーク東京，2004）．
　　生化学に分類される本だが，デバイ-ヒュッケル理論をきちんと説明してある．図も工夫してあって，理解を助けてくれる．本書の図 13.2, 13.3 は，この本の図 18.4 を使用した．
42) G. Nicolis , I. Prigogine : "*Self-organization in Nonequilibrium Systems*" (John Wiley Sons,

1977). 邦訳は，畠陽之助，相沢洋二訳：『散逸構造』（岩波書店，1980）．
  よく読むと，「一般論は出来ていない」ということを述べている．この見解に対して，読者の意見を求める．これについては 13.3.2 節の脚注でも触れた．

43) P.G. de Gennes, F.B. Wyart, D. Quèrè :"*Gouttes, Bulles, Perles et Ondes*"（Belin, 2004）．邦訳は，奥村 剛訳：『表面張力の物理学』（吉岡書店，2003）．
  本書の図 13.9 に，この本の図 9.13 の写真を許可を得て掲載した．

44) P. Atokins, J. de Paula, R. Freidman :"*Quanta, Mattere, and Chnage*"（Oxford University Press, 2009）．
  付録の図 A.1 は簡単なものではない．陰イオンと陽イオンの配置は微妙である．この本は，その配置の本質をさりげなく，しかし絶妙にうまく描いてある．instructive という言葉の本当の意味がわかる思いである．

45) 平川浩正：『電磁気学』（培風館，1968），第 4 章「境界値問題」．
  この分量での明解な説明は見事．

全体を通しての文献 11) 以外の数学，物理数学の参考書をあげておこう．

46) R. Courant, D. Hilbert :"*Methoden der Mathematischen Physik, Erster Band*"（Springer-Verlag, 1931）．邦訳は，斉藤利弥監訳，銀林 浩訳，『数理物理学の方法』（東京図書，1959）．
  このなかでも特に第 5 章の記述を伝えることは時代を超えた教育的な意義がある．

47) 広中平祐編：『現代数理科学事典 第 2 版』（丸善，2009）．
  数理科学の全体像が見渡せる貴重な本である．著者も分担執筆者の一人で，物理の数理「群論」を担当した．

次の数学公式集も必須の持ち物である．

48) 森口繁一，宇田川銈久，一松 信：『数学公式Ⅰ〜Ⅲ（新装版）』（岩波書店，1987）．
  イギリスに持っていったら，イギリス人研究者が欲しがった．日本語が読めないのに．

49) 大槻義彦訳：『数学大公式集』（丸善，1983）．

13 章の撥水性に関してすぐれた解説が出た．

50) 辻井 薫「ナノテクで超はっ水材料をつくる」（パリティ 25 03, p.4, 2010）
  基礎と応用の両面を結びつけて紹介している．

索　引

■ ア 行 ■

アイリングの共有エントロピー　58
アボガドロ数　6,9,38,107
アルコール　92,124
アルダー転移　126
アレニウスの方法　105

イオンの化学ポテンシャル　110
イオン雰囲気　133,135
閾値　103
移動度　79
イプシロン-デルタ $(\varepsilon-\delta)$ 論法　50

液晶　128
エマルション　107,127
塩橋　66
エンタルピー　23,43
エントロピー　7,20-24,33,93,115
エントロピー変化　70

大沢理論　126

■ カ 行 ■

化学平衡　99
化学ポテンシャル　52-54,59,66,85,90,100
　　イオンの――　110
　　1成分系の――　52-54
　　多成分系の――　85,90
隔壁　68
カルノーサイクル　28

気化　58
キセロゲル　128
気体定数　6
ギブス-デュエムの法則（式）　55,64,87
ギブスの自由エネルギー　44,45,53,90
ギブスの相律　85
凝固点降下　95

グラハムの法則　41
クラペイロン-クラウジウスの関係式　56,98
　　――の導出　63

ゲル　128

酵素　109
高分子　128
ゴム弾性　73
コロイド　128
混合のエントロピー　47,95
コンデンサー　75-77,135

■ サ 行 ■

3重点　60
残留エントロピー　17

磁化　71
敷居値　103
示強的　5,6
次元　6
仕事　19,26
仕事当量　7
質量作用の法則　100

シミュレーション計算　80
自由膨張　27
ジュール-トムソン過程　116
準静過程　20
昇華　58
状態方程式　38
状態量　33
衝突パラメータ　104
触媒　108
示量的　5,6
浸透圧　94

水和　124
スターリング公式　57

石鹸膜　117
接触角　132
絶対零度　17
切片法　91
洗剤　122,127
潜熱　61

相平衡　58
相平衡曲線　60
相律　85
束一性　96
疎水性相互作用　125
ソフトマター　126,128
ゾル　128

■　タ　行　■

対数　21
ダニエル電池　67
単位　6
弾性係数　73
断熱変化　12,26

超サイクル　31

冷たい熱機関　32
定圧変化　11
定積変化　11
デバイ-ヒュッケルの理論　111,133
電解質　65,75
電気泳動　83
電気化学ポテンシャル　66
電気伝導　75
電気2重層　76,137
電気分解　81
電極　80,84
電池　65
伝導領域　78
電離平衡　111

等温変化　12
凍結防止剤　97
トーマス-フェルミの遮蔽長　136

■　ナ　行　■

内部エネルギー　5

ヌセルト数　9
ぬれ　129

熱機関　1,32
熱溜　14,28
熱伝導率　8
熱力学関数　43
熱力学第0法則　5
熱力学第1法則　11
熱力学第2法則　15
熱力学第3法則　17
熱力学の公理法則　4

濃淡電池　65

索引

■ ハ 行 ■

排除体積効果　126
撥水性　131
バフウィス-ローズブーンの切片法　91
反応進行度　99
反応熱　107
反応の次数　107

ヒステリシス　132
ヒドロニウムイオン　79
比熱　11
非平衡状態　4
描像換算　9
表面張力　114, 123, 129
頻度因子　41

ファラデー定数　69
ファンデルワールス力　124
ファントホッフの式　95
沸点上昇　95
部分モル量　53
　　多成分系における――　87
　　理想混合における――　92
ブラッグ-ウイリアムズの合金理論　92
プロトン伝導　79
分子運動論　36

平衡状態　4, 44
平衡定数　102, 107
pH（ペーハー）　113
ベリューゾフ・ジャボチンスキー（BZ）反応
　　110, 122
ヘルムホルツの自由エネルギー　43, 53,
　　69, 126

ボイル-シャルルの法則　5
飽和蒸気圧　98

飽和蒸気圧減少　97
ボーリング　18
ボルタの電池　67
ボルツマン因子　39, 105, 107
ボルツマン定数　9, 20, 38
ポワソンの微分方程式　134

■ マ 行 ■

マクスウェルの悪魔　25
マクスウェルの関係式　23, 46
摩擦　16
マランゴニ効果　122

水呑み鳥　64

無次元量　6, 9

メッキ　82

毛管現象　123

■ ヤ 行 ■

融解　58
誘電体　72

陽子の伝導　79
溶媒和　124

■ ラ 行 ■

ラウールの法則　98

力学　1
理想気体　14, 19
理想混合　47
リチャーズの理論　58
リチャードソン-ダッシュマンの式　106

両親媒性分子　128
臨界点　60, 62

ルシャトリエの法則　107

冷却器　30

著者略歴

夏目　雄平（なつめ　ゆうへい）

1946 年　長野県に生まれる
1975 年　東京大学大学院理学研究科博士課程修了，理学博士
現　在　千葉大学大学院理学研究科教授

主な著書

『計算物理Ⅰ』『計算物理Ⅱ』『計算物理Ⅲ』
（基礎物理学シリーズ：いずれも朝倉書店
2002 年），「群論」（広中平祐編『現代数理科
学事典　第 2 版』所収，丸善, 2009 年）．ほか．

やさしい化学物理
―― 化学と物理の境界をめぐる

定価はカバーに表示

2010 年 4 月 20 日　初版第 1 刷
2018 年 3 月 25 日　　　第 3 刷

著　者　夏　目　雄　平
発行者　朝　倉　誠　造
発行所　株式会社　朝　倉　書　店
　　　　東京都新宿区新小川町 6-29
　　　　郵便番号　162-8707
　　　　電　話　03(3260)0141
　　　　FAX　03(3260)0180
　　　　http://www.asakura.co.jp

〈検印省略〉

Ⓒ 2010〈無断複写・転載を禁ず〉

真興社・渡辺製本

ISBN 978-4-254-14083-5　C 3043　　Printed in Japan

JCOPY ＜(社)出版者著作権管理機構　委託出版物＞

本書の無断複写は著作権法上での例外を除き禁じられています．複写される場合は，
そのつど事前に，(社) 出版者著作権管理機構（電話 03-3513-6969，FAX 03-3513-
6979, e-mail: info@jcopy.or.jp）の許諾を得てください．

好評の事典・辞典・ハンドブック

物理データ事典	日本物理学会 編	B5判 600頁
現代物理学ハンドブック	鈴木増雄ほか 訳	A5判 448頁
物理学大事典	鈴木増雄ほか 編	B5判 896頁
統計物理学ハンドブック	鈴木増雄ほか 訳	A5判 608頁
素粒子物理学ハンドブック	山田作衛ほか 編	A5判 688頁
超伝導ハンドブック	福山秀敏ほか 編	A5判 328頁
化学測定の事典	梅澤喜夫 編	A5判 352頁
炭素の事典	伊与田正彦ほか 編	A5判 660頁
元素大百科事典	渡辺 正 監訳	B5判 712頁
ガラスの百科事典	作花済夫ほか 編	A5判 696頁
セラミックスの事典	山村 博ほか 監修	A5判 496頁
高分子分析ハンドブック	高分子分析研究懇談会 編	B5判 1268頁
エネルギーの事典	日本エネルギー学会 編	B5判 768頁
モータの事典	曽根 悟ほか 編	B5判 520頁
電子物性・材料の事典	森泉豊栄ほか 編	A5判 696頁
電子材料ハンドブック	木村忠正ほか 編	B5判 1012頁
計算力学ハンドブック	矢川元基ほか 編	B5判 680頁
コンクリート工学ハンドブック	小柳 洽ほか 編	B5判 1536頁
測量工学ハンドブック	村井俊治 編	B5判 544頁
建築設備ハンドブック	紀谷文樹ほか 編	B5判 948頁
建築大百科事典	長澤 泰ほか 編	B5判 720頁

価格・概要等は小社ホームページをご覧ください．